土木工程科技创新与发展研究前沿丛书
江苏省"六大人才高峰"项目资助
江苏省"青蓝工程"项目资助
徐州工程学院学术著作出版基金资助

高性能化海砂混凝土耐久性能及腐蚀防护技术

李　雁　张连英　雷　蕾　著

中国建筑工业出版社

图书在版编目（CIP）数据

高性能化海砂混凝土耐久性能及腐蚀防护技术/李雁，
张连英，雷蕾著.—北京：中国建筑工业出版社，2020.6
（土木工程科技创新与发展研究前沿丛书）
ISBN 978-7-112-25187-2

Ⅰ.①高… Ⅱ.①李… ②张… ③雷… Ⅲ.①混凝土-
耐用性-研究②防腐 Ⅳ.①TU528

中国版本图书馆CIP数据核字（2020）第086836号

本书介绍了海砂混凝土所选原材料的基本性能，以及矿物掺合料使普通强度混凝土高性能化的作用机理。采用正交设计方法，分析讨论了海砂混凝土及高性能化海砂混凝土的工作性能、力学性能以及耐久性能，提出了高性能化海砂混凝土氯离子扩散系数计算公式。利用人工模拟气候实验室，研究了多因素作用下海砂混凝土受弯构件的耐久性退化规律。介绍了提升海砂混凝土耐久性能的方法，并针对表面防腐技术进行了专题研究，提出了新型复合涂层的腐蚀防护方案。

本书可为工程师进行复杂环境下海砂混凝土的制备及结构构件的设计提供技术指导，同时为高等院校、科研单位的混凝土结构研究人员进行海砂混凝土的高性能化研究提供参考。

责任编辑：仕　帅　吉万旺　王　跃
责任校对：姜小莲

土木工程科技创新与发展研究前沿丛书
高性能化海砂混凝土耐久性能及腐蚀防护技术
李　雁　张连英　雷　蕾　著

*

中国建筑工业出版社出版、发行（北京海淀三里河路9号）
各地新华书店、建筑书店经销
北京鸿文瀚海文化传媒有限公司制版
北京建筑工业印刷厂印刷

*

开本：787×960毫米　1/16　印张：13¼　字数：266千字
2020年10月第一版　2020年10月第一次印刷
定价：**49.00**元
ISBN 978-7-112-25187-2
（35951）

■ 前 言 ■

目前，建筑用砂石资源问题已受到世界各国的广泛关注。亚太经社会的有关报告指出："人口和工业化水平是影响一个国家建筑砂石资源需求的两个重要因素。"除陆地砂石外，发达国家，如英、美、加、日等国早已大量开采海砂资源。世界最大的海砂出口国为日本，海砂开采量已达建筑砂石总产量的 30%，其中的 40% 用于水泥制品出口。我国拥有漫长的海岸线和广袤的浅海陆架，具有丰富的海砂资源，虽然对海砂的开发利用起步较晚，但发展的速度很快。

随着我国城市化的快速推进，势必带动基础设施的大量兴建，从而需要大量的砂石资源，鉴于目前淡水砂资源日益枯竭的现实，综合开发利用海砂资源势在必行。建筑用海砂是指分布于海岸和浅海的、以中砂和粗砂为主、包括部分细砂和砾石的砂质堆积。海砂级配良好，品质优良，可作为混凝土结构的骨料使用。但是，海砂中含有一定量的氯离子，会引起混凝土结构内钢筋的锈蚀，致使混凝土结构锈胀开裂，耐久性降低而提前退出工作。为此，开展高性能化海砂混凝土材料性能及其耐久性研究符合学科及行业发展的需求，开发高性能的海砂混凝土材料提升海砂混凝土的耐久性能具有重要的学术及应用价值。

本书在搞清楚海砂混凝土所选原材料基本属性的前提下，对高性能化海砂混凝土材料的工作、力学、耐久性能以及钢筋混凝土构件的耐久性及其腐蚀防护关键技术进行了试验研究。

首先，讨论海砂混凝土所选原材料的基本性能，以及矿物掺合料使普通强度混凝土高性能化的作用机理，并通过试验得出海砂以及淡化海砂的各项基本性能指标。

第二，采用正交设计方法，以混凝土的坍落度、抗压强度以及氯离子的扩散系数为指标，评价高性能化的海砂混凝土的工作、力学以及耐久性能。

第三，以材料的耐久性指标为参考基准，对同种环境下不同混凝土配方以及同种混凝土配方在不同环境下的混凝土构件进行长期试验，分析环境、配方对海砂混凝土强度发展、渗透性变化的影响，以及对钢筋混凝土构件力学性能的影响。

第四，针对实际工程中，服役状态下钢筋混凝土构件的腐蚀过程是在荷载与腐蚀作用下共同发生，且目前研究中荷载因素影响往往被忽略的现状，进行荷载与氯盐溶液干湿交替这一腐蚀环境共同作用下构件加速性能退化研究。

最后，探讨了海洋钢筋混凝土工程腐蚀防护技术，并针对表面防腐关键技术展开专题研究。选取了目前行业中常用的四种涂层：环氧树脂涂层、湿固化环氧树脂涂层、聚氨酯涂层和氟碳涂层，通过它们之间的排列设计了四种不同的复合涂层，并研究了这四种不同复合涂层的防护性能和其自身的耐久性。

　　本书在撰写过程中参阅了国内外许多专家的论文及著作，查阅了大量的文献资料，得到了许多专家的指导帮助。

　　由于作者水平有限，不足之处在所难免，敬请广大读者批评指正。

作　者
2019.10

■ 目　　录 ■

第1章

绪论

1.1 问题的提出

自 19 世纪 20 年代波特兰水泥问世至今，混凝土材料的应用已有 180 多年的历史。混凝土本身具有造价低廉、坚固耐用、承压能力好等优点，再辅以钢筋优良的延性及抗拉性能，使得钢筋混凝土材料被广泛地用于土木工程的各个领域，从高楼大厦到海港码头，从桥梁隧道到公路铁路，从矿山矿井到水库大坝，无处不有钢筋混凝土结构的存在。目前钢筋混凝土结构已经成为世界上应用最普遍的结构形式之一。然而，这并不代表钢筋混凝土结构就是近乎完美的，在它迅猛发展的背后却还存在着越来越严重的耐久性问题。

一般说来，混凝土材料坚固耐久且呈高度碱性，会在钢筋表面形成一层致密的钝化膜，钢筋包裹在其中很难发生锈蚀，也就是说，钢筋混凝土材料本应该是很耐用的。但事实并不总是这样，每年都有大量的钢筋混凝土结构因为耐久性不足而导致提前失效，达不到预定的服役年限，这已成为实际工程中的重要问题[1]。出现耐久性损伤的结构物往往需要花费大量的财力进行维修加固，甚至造成拆除重建的巨大经济损失。例如，我国东部沿海地区某城市于 1995 年建成一座公路桥梁，由于受海水潮汐及海风等环境因素的影响，使用了 7～8 年后，就发现部分箱梁底板混凝土开裂，钢筋严重锈蚀，保护层大面积脱落，桥面局部下陷，鉴于该桥耐久性的劣化进而可能对桥梁的安全性造成极大威胁，经多方论证后，不得不将原桥拆除新建[2]。由此可见，耐久性失效已经成为导致钢筋混凝土结构在正常使用状态下失效的最主要原因之一。

造成钢筋混凝土结构耐久性损失的因素有很多，根据其作用方式不同，可以分为内部和外部两大方面的因素[3]。内部因素取决于材料自身的特点以及设计施工的质量等，而外部因素主要与结构所处的环境条件有关。值得注意的是各种因素对混凝土耐久性的影响程度是不同的。在 1991 年第二届混凝土耐久性国际会议上，著名专家梅塔教授总结世界 50 年混凝土耐久性状况时曾指出[4]："当今世界，如果把影响混凝土耐久性的因素按重要性递减的顺序排列的话，那么它们分别是：钢筋锈蚀、冻融破坏和侵蚀环境的物理化学作用。"根据有关资料统计，

1

1975 年美国全年因各种腐蚀造成的损失高达 700 多亿美元,其中由钢筋锈蚀所造成的损失约占 40%[5];在日本,大约有 21% 的钢筋混凝土结构损坏是因钢筋锈蚀引起的,且日本运输省检查了 103 座混凝土海港码头,发现使用 20 年以上的码头都有相当程度的顺筋锈裂[6];在我国,对华南地区使用 7~25 年的 18 座海港码头的调查资料表明,在海滩区,梁、板底部钢筋普遍严重锈蚀,引起破坏的占 89%,其中有几座已不能正常使用[7]。由此可见,钢筋锈蚀是造成钢筋混凝土结构耐久性损失的最主要原因,而在沿海地区由于氯化物的腐蚀而导致的钢筋锈蚀尤为严重。

概括起来,混凝土中的氯离子根据其来源的不同可以分为两大类[8]:一类是掺入型氯离子,例如使用海砂或者含氯化物的外加剂等带入混凝土中的氯离子;另一类是浸入型氯离子,例如海洋环境下通过海水、海风浸入混凝土中的氯离子。沿海地区钢筋混凝土结构的耐久性损失大部分是由外浸型氯离子对钢筋的侵蚀所造成的。而对于内掺型的破坏,工程中通常是采取优选原材料的来源、控制原材料的质量以及提高施工管理水平等措施来进行规避。但是,目前随着沿海地区经济的快速发展,大量建筑物的兴建,淡水砂资源的日趋枯竭,从而将海砂作为细骨料使用的机会大大增加了。据不完全统计,仅浙江宁波市年用砂量已超过 650 万吨,其中海砂的使用量占到了 4/5[9]。海砂规模化大量使用的趋势难以阻挡,这是工程界必须正视的现实,海砂虽经淡化处理但仍不可避免地会将不等量的氯离子带入混凝土中,这将给原本就深受耐久性问题困扰的沿海地区钢筋混凝土结构提出了更加严峻的挑战,也给沿海地区钢筋混凝土结构的耐久性研究提出了新的课题。

此外,绿色、环保与环境共生已成为混凝土发展的新趋势,一方面矿物掺合料(如粉煤灰、硅灰、磨细矿渣等)大都属于工业废料,它们的大量存积不仅占用土地,而且严重污染环境。另一方面有资料表明[10,11],矿物掺合料对混凝土各种性能,尤其是耐久性确有显著的改善作用,即可使普通混凝土获得高性能。因此,系统深入地研究矿物掺合料对混凝土耐久性主要的影响因素——氯离子侵蚀的影响效应以及如何提高矿物掺合料的利用率和利用水平已经成为亟待解决的重要课题。

综上所述,关于沿海地区高性能化海砂混凝土材料及结构耐久性方面的研究有着非常现实和紧迫的意义,本书将就此展开一些初步的探讨。

1.2 钢筋混凝土结构耐久性及其腐蚀防护技术国内外研究现状

混凝土结构的耐久性研究应该考虑环境、材料和结构等方面的因素,这些因素又可以分为环境、材料、构件和结构四个层次，相对而言材料和构件的研究较为深入[1]。对于混凝土结构所处的环境可以划分为一般环境、一般冻融环境、除冰盐冻融环境、近海或海洋环境、盐碱结晶环境以及大气污染环境六种情况，分别进行研究[12]；其中近海和海洋环境又可细分为水下区、大气区、水位变化区和浪溅区等几个等级，以水位变化区和浪溅区钢筋混凝土结构的侵蚀程度最高，这也是本书所要模拟和研究的主要对象。材料层次的研究是混凝土结构耐久性研究最基础的部分，包括对混凝土和钢筋两种材料的研究。混凝土材料的耐久性研究又可分为混凝土中性化、侵析腐蚀、冻融破坏和碱-骨料反应等；而对钢筋锈蚀的研究则主要集中在影响钢筋锈蚀的原因、锈蚀钢筋材料性能的变化以及钢筋锈蚀的防护和检测等方面[1]。有资料表明[13]，对于沿海地区钢筋混凝土结构，由于氯离子侵蚀引起混凝土内钢筋锈蚀所造成的损伤程度最为严重，远远大于其他影响因素，这将是本书的研究重点。混凝土构件耐久性的研究是混凝土结构耐久性研究的前提和基础。钢筋锈蚀引起混凝土保护层胀裂，锈胀裂缝产生后又将加速钢筋的锈蚀，大大影响钢筋混凝土构件的耐久性[1]。目前对混凝土构件的耐久性研究主要涉及钢筋锈胀力模型研究、钢筋与混凝土黏结力的退化研究以及锈蚀钢筋混凝土构件承载力退化研究等几个方面。其中锈蚀后混凝土构件承载性能的退化，是将科研成果应用于实际工程最为关键和重要的一步，因此本书的研究将侧重于这一方面。

关于钢筋混凝土结构的耐久性研究主要集中在两个方面[14-19]：一是解决新建结构的耐久性设计问题，另一个就是对现有结构进行耐久性评估。

1.2.1 氯盐侵蚀环境下钢筋混凝土材料研究现状

全球百分之七十的面积是海洋，大规模的基础建设都集中于沿海发达地区，而海边的混凝土工程由于长期遭受氯盐（氯离子）的侵蚀，混凝土中的钢筋锈蚀现象非常严重，这已经引起了工程界的广泛关注。

1. 氯离子侵入混凝土的研究

1）氯离子侵入混凝土的机理研究[20,21]

沿海地区的混凝土结构，由于暴露条件的不同，氯化物侵入的机理也不尽相同。概括起来氯离子的侵入方式有以下几种：

（1）扩散作用：由于浓度的作用，氯离子从浓度高的地方向浓度低的地方转移；

（2）毛细管作用：氯离子向混凝土内部干燥的部分移动；

（3）渗透作用：在水压力作用下，氯离子向压力较低的方向移动；

（4）电化学迁移：氯离子向电位较高的方向移动。

通常氯离子的侵蚀是上述几种方式的共同作用，另外还受到氯离子与混凝土材料之间的化学结合、物理黏结、吸附等作用的影响。但是对于特定的条件，其中一种或几种侵蚀方式是主要的。有学者[22]在氯离子向钢筋表面传输的模型研究中，对各种机理考虑的比较全面，但由于模型中一些参数很难确定，有些只能从定性上加以描述，用于实际工程还需进一步探讨。

2）氯离子侵入模型研究[1]

虽然氯离子在混凝土中的传输机理非常复杂，但是在许多情况下，扩散过程仍然被认为是最主要的传输方式之一。对于现有的没有开裂且水灰比不太低的结构，大量的检测结果表明，氯离子的传输过程可以认为是一个线性的扩散过程。这个扩散过程一般引用 Fick 第二定律可以很方便地将氯离子的扩散浓度、扩散系数与扩散时间联系起来，可以较直观地体现结构的耐久性。由于 Fick 第二定律的简洁性及与实测结果之间能较好地吻合，现在它已成为预测氯离子在混凝土中扩散的经典方法。

假定混凝土中的孔隙分布是均匀的，氯离子在混凝土中扩散是一维扩散行为，浓度梯度仅沿着暴露表面到钢筋表面方向变化，Fick 第二定律可以表示为：

$$\frac{\partial C}{\partial t} = \frac{\partial}{\partial x}\left(D\,\frac{\partial C}{\partial x} \right) \tag{1-1}$$

式中　C——氯离子浓度（%），一般以氯离子占水泥或混凝土重量百分比表示；

t——时间（年）；

x——位置（cm）；

D——扩散系数。

Fick 第二定律的解取决于问题的边界条件。

（1）表面氯离子浓度恒定时 Fick 第二定律的解析解[20]

混凝土结构经过相当长时间的使用且处于稳定的使用环境中，可以假定混凝土结构表面氯离子浓度恒定。另外，假定混凝土材料是各向均质的，氯离子不与混凝土发生反应。在下述初始和边界条件下：$C\,(x=0,\ t)=C_s$，$0<t<\infty$；$C\,(x,\ t=0)=C_0$，$0<x<\infty$，得到其解析解为：

$$C_i(x,t) = C_0 + (C_s - C_0) \times erf\left(\frac{x}{2\sqrt{Dt}} \right) \tag{1-2}$$

式中　$C_i\,(x,\ t)$——距混凝土表面 x 时的氯离子浓度；

C_s——表面氯离子平均浓度；

C_0——混凝土中初始氯离子浓度（如没有内掺氯化物则该项为零）；

D——氯离子扩散系数；

t——暴露时间；

$erf\,(\ )$——误差函数。

（2）表面氯离子浓度随时间变化时 Fick 第二定律的解析解[23]

对于近海大气区混凝土、浪溅区混凝土，不再符合表面氯离子浓度恒定的边界条件，而是表面浓度随时间变化，当扩散系数不随时间、空间位置、氯离子浓度的变化而变化，如果表面氯离子浓度按照公式 $C_s = k\sqrt{t}$ 积累增加，而混凝土内部初始氯离子浓度为零时，则 Fick 第二定律的解析解为[24,25]：

$$C(x,t) = k\sqrt{t}\left[e^{-x^2/(4Dt)} - \frac{x\sqrt{\pi}}{2\sqrt{Dt}}\left(1 - erf\frac{x}{2\sqrt{Dt}}\right)\right] \tag{1-3}$$

（3）氯离子扩散系数随时间、空间及氯离子浓度变化的数学模型[23]

Buenfeld and Newman（1987）研究表明混凝土中氯离子扩散系数随时间增长而降低，这可能是由于混凝土与海水逐步反应使结构密实，Mangat 等将氯离子扩散系数的时间依赖性归结为混凝土孔结构的时间依赖性，Mangat 等将氯离子扩散系数随时间增加而降低的现象用幂函数表征[26]，得到寿命为 t 时混凝土的扩散系数为：

$$D(t) = D_{ref} \times (t)^{-m}, \text{或} D(t) = D_{ref} \times (t_{ref}/t)^m \tag{1-4}$$

式中 $D(t)$——时间 t 时的扩散系数；

D_{ref}——参考期 t_{ref}（一般为 28 天）扩散系数；

m——常数。

Tumidajski 等[24] 基于 Boltzmann-Matano 分析方法，计算出随时间、渗透深度和氯离子浓度变化的氯离子扩散系数，然后基于 Fick 第二定律求解。另外氯离子扩散系数随时间和渗透深度变化也可用下式进行拟合：

$$LogD = A + B \times \left(\frac{x}{\sqrt{t}}\right) \tag{1-5}$$

式中 x——渗透深度；

t——暴露时间。

（4）综合考虑多种因素的数学模型

Papadakis 等[27] 给出了考虑氯离子的可逆吸附与化学结合的数学模型；Tang 和 Nilsson 建立了考虑氯离子结合及氯离子扩散系数时间、空间、温度依赖性的数学模型[28]；东南大学的孙伟等基于 Fick 第二定律，推导出综合考虑混凝土的氯离子结合能力、氯离子扩散系数的时间依赖性和混凝土结构微缺陷影响的扩散方程[29]，如下所示：

$$\frac{\partial C_f}{\partial t} = \frac{KD_0 t_0^m}{1+R} \cdot t^{-m} \cdot \frac{\partial^2 C_f}{\partial x^2} \tag{1-6}$$

上述方程的初始条件为 $t=0$，$x>0$ 时，$C_f = C_0$；边界条件为 $x=0$，$t>0$ 时，$C_f = C_s$。在此初始和边界条件下，得到混凝土的氯离子扩散的理论模型为：

5

$$C_f = C_0 + (C_s - C_0)\left[1 - erf\frac{x}{2\sqrt{\dfrac{KD_0 t_0^m}{(1+R)(1-m)} \cdot t^{1-m}}}\right] \tag{1-7}$$

式中　C_0——混凝土内初始氯离子浓度；

　　　C_s——混凝土暴露表面的氯离子浓度，等于暴露环境介质的氯离子浓度；

　　　C_f——自由氯离子浓度；

　　　K——混凝土氯离子扩散性能的劣化效应系数；

　　　D_0——t_0时刻的氯离子扩散系数。

此外，氯离子侵入的模型还有很多，这里不再一一列举，关于氯离子侵入机理和模型的研究还在不断地发展和完善之中，目前的发展趋势是由一维的模型逐渐向多维模型发展；由单纯扩散模型向扩散-对流-电场共同作用模型转变。

3）氯离子扩散系数的研究现状

从对氯离子侵入模型的分析中我们可以发现，式中氯离子扩散系数 D 值是反映混凝土耐久性能的一个重要指标。按影响因素的不同，可将其分为本质扩散系数和有效扩散系数。其中，本质扩散系数只与混凝土材料的组成、内部孔隙组成特点、水泥水化程度等内在因素有关；而有效扩散系数还考虑了外界的影响因素，这些影响因素包括温度、湿度、养护条件和龄期、掺合料的种类和数量、导致钢筋腐蚀的氯盐的类型以及氯离子的类型等。由此可见，氯离子扩散系数是一个体现了诸多影响因素的综合参数[30]。

氯离子扩散系数越小，表示腐蚀介质越难侵入到混凝土中。如今人们已经认识到渗透模型中的氯离子扩散系数是随时间减小的，氯离子在传输过程中不断与水化产物反应生成费氏盐，也与水化产物产生物理吸附，形成结合氯离子，仅孔隙水中的自由氯离子继续向里扩散，使氯离子扩散系数逐渐减小。随着水化程度不断充分，早期混凝土结构的密实性有所提高，也使扩散系数减小。另外，氯离子扩散系数还与氯离子浓度有关，氯离子浓度小，结合氯离子比重大，氯离子扩散系数小。鉴于此，氯离子本质扩散系数很难准确界定。在实际中，一般以测定标准条件（标准溶液浓度、标准温度、湿度和养护条件等）下某个时间的扩散系数作为本质扩散系数，并在此基础上考虑其他外界因素的影响，对本质扩散系数进行修正，从而得到有效扩散系数。对此许多学者进行了研究[31,32]，并根据各自的研究成果提出了氯离子扩散系数与影响参数之间的数学模型。

测定氯离子扩散系数的方法有多种，概括起来可以分为三类[33]：自然扩散法、外加电场加速扩散法、压力渗透法。自然扩散法是将混凝土长时间（通常为3 个月到 1 年）浸泡于含氯离子的盐水中，通过切片或钻芯，借助化学分析得到氯离子扩散系数 D 的值。加速扩散法主要是通过施加电场，加速氯离子在混凝土中的迁移，缩短氯离子达到稳态传输过程的时间，然后结合化学分析，确定氯离子扩散系数。目前广泛应用的加速试验方法有三种：RCM 法，电量法（ASTM C1202）和 NEL 法。其中电量法近来受到了许多学者的批评和质疑[34]，认为它夸大了掺合料混凝土抗氯离子侵入的能力，而清华大学的 NEL 法被认为可以有效地评价高性能混凝土的渗透性，其计算得到的氯离子扩散系数与混凝土的孔隙率有很好的相关性[35]。压力渗透法应用较少。这里需要指出的是 RCM 法和自然扩散法能定量评定混凝土抵抗氯离子扩散的能力，可为混凝土耐久性寿命的评估和预测提供基本参数；而电量法和 NEL 法一般只用于对混凝土渗透性进行快速评价，可为耐久性混凝土的配合比设计和混凝土质量检验提供依据。

4）混凝土中氯离子临界浓度的研究[1]

尚不至引起钢筋去钝化的钢筋周围混凝土孔隙液的游离氯离子的最高浓度，被称为混凝土中氯离子的临界浓度[4]。氯离子临界浓度受胶凝材料品种与掺量、混凝土含水率、孔隙率、孔结构以及环境条件等多种因素的影响。一般水灰比小，混凝土碱度高，钝化膜厚，临界浓度大；试验表明，水泥中 C_3A 含量高，临界浓度也大；干湿交替环境钝化膜易遭受破坏，临界浓度相对要低[36]。由于临界浓度受众多因素的影响，并非一个确定值，在进行耐久性评估时可按材料性能和具体环境适当调整。另外也有学者认为用氯离子和氢氧根离子浓度的比值来表征钢筋的活性比单纯使用氯离子浓度更趋合理[37]。

5）混凝土表面氯离子浓度的确定

氯离子的扩散是由氯离子的浓度差引起的，表面氯离子的浓度越高、内外氯离子的浓度差就越大，扩散至混凝土内部的氯离子就会越多，因此混凝土表面氯离子的浓度也是评定耐久性的一个重要指标。当氯离子向混凝土内部渗透与受雨水冲刷等因素产生的表面流失相平衡时，混凝土表面氯离子浓度达到稳定的最大值；而近海、海洋环境下的潮汐、浪溅区混凝土表面氯离子浓度直接与海水接触或受浪花拍打，这一过程极其短暂，可认为瞬时就达到最大值。混凝土结构表面氯离子浓度的确定一般通过对氯离子分布曲线反推得到，而氯离子分布曲线应是长期积累的结果。就较长时间而言，近海及海洋环境的水下区、水位变动区、浪溅区和大气区的氯离子源可以看作是恒定的，混凝土表面氯离子浓度随时间增长缓慢，可取为一定值，各地取经验值即可。

2.氯离子引起钢筋锈蚀的研究现状

1）钢筋锈蚀的原理

对于钢筋的锈蚀机理，各方学者已经做出了大量的研究，研究表明钢筋锈蚀是一个电化学过程[18]。电化学腐蚀是指电极电位不同的金属与电解质溶液接触形成微电池，产生电流而引起的腐蚀。形成微电池的三要素是：①有电极电位较低的金属作为阳极；②有电极电位较高的金属作为阴极；③有液体电解质作为导电介质。在电化学腐蚀反应中，阳极金属被腐蚀，以离子形式进入溶液；在阴极则生成氢氧根离子或放出氢气。一般的阳极化学反应为：

$$Fe \longrightarrow Fe^{2+} + 2e^-$$

阴极的化学反应为：$O_2 + 2H_2O + 4e^- = 4OH^-$

阳极表面的二次化学反应为：

$$Fe^{2+} + 2OH^- \longrightarrow Fe(OH)_2$$

$$4Fe(OH)_2 + O_2 + 2H_2O \longrightarrow 4Fe(OH)_3$$

在此，阳极反应产生的多余电子通过钢筋送往阴极，而阴极产生的氢氧根离子通过混凝土的空隙以及钢筋表面与混凝土间孔隙的电解质被送往阳极，从而形成一个腐蚀电流的闭合回路，使电化学过程得以实现。由于腐蚀产物比金属铁原体积大得多，所以腐蚀到一定程度，钢筋表面产生的锈蚀膨胀使混凝土保护层发生崩裂，导致混凝土结构迅速破坏。

2）氯离子腐蚀钢筋的机理研究[1,16,17]

（1）破坏钝化膜

新鲜的混凝土是呈高碱性的，其 pH 值一般大于 12.5，在高碱环境中，钢筋表面产生一层致密的钝化膜。以往的研究认为，该钝化膜是由铁的氧化物构成的，但最近研究表明，该钝化膜中含有 Si-O 键，它对钢筋有很强的保护能力[15]。然而，该钝化膜只有在高碱环境中才是稳定的，当 pH 值小于 11.5 时就开始不稳定，当 pH 值小于 9.88 时该钝化膜生成困难且已经生成的钝化膜逐渐破坏。氯离子是极强的去钝化剂，氯离子进入混凝土到达钢筋表面吸附于局部钝化膜处时，可使该处的 pH 值迅速降低，从而破坏钢筋表面的钝化膜。

（2）形成腐蚀电池（宏电池）

如果大面积的钢筋表面上附有高浓度氯化物，则氯化物所引起的腐蚀可能是均匀的，但是在非均质的混凝土中，常见的是局部腐蚀。氯离子对钢筋表面钝化膜的破坏发生在局部，使这些部位露出了铁基体，与尚完好的钝化区域形成单位差，铁基体作为阳极而受到腐蚀，大面积钝化区作为阴极。腐蚀电池作用的结果是，在钢筋表面产生坑蚀，由于大阴极对应于小阳极，导致坑蚀发展非常迅速。最近的研究成果还表明[19]，混凝土内钢筋存在两种钢筋锈蚀的电化学反应：一种是在钢筋面向混凝土保护层一侧表面，部分区域的钝化膜首先破坏，在钝化膜破坏区域（阳极）和未破坏区域（阴极）间发生钢筋锈蚀的电化学反应；另一种是钢筋面向混凝土保护层一侧（阳极）和背向混凝土保护层一侧（阴极）间发生钢筋锈蚀的电化学反应。该锈蚀机理显示了自然环境下，混凝土内钢筋锈蚀主要在面向保护层的一侧表面产生。

（3）去极化作用

氯离子不仅形成了钢筋表面的腐蚀电池，而且加速了电池的作用。氯离子与阳极反应物 Fe^{2+} 结合生成 $FeCl_2$，将阳极产物及时地搬运走，使阳极过程顺利进行其至加速进行。通常把使阳极过程受阻称作阳极极化作用，而把加速阳极过程称为去极化作用，氯离子正是发挥了阳极去极化作用。值得注意的是，在钢筋的锈蚀产物中很难找到 $FeCl_2$，这是由于 $FeCl_2$ 是可溶的，它在向混凝土内扩散时遇到 OH^- 就能生成 $F(OH)_2$ 沉淀，再进一步氧化成铁的氧化物，即铁锈。由此可见，氯离子起到了搬运的作用，却并不被消耗，即凡是进入混凝土中的氯离子都会周而复始地起到破坏作用，这也是氯离子危害的特点之一。

（4）导电作用

腐蚀电池的要素之一是要有离子通路。混凝土中氯离子的存在强化了离子通路，降低了阴阳极之间的欧姆电阻，提高了腐蚀电池的效率，从而加速了电化学过程。氯化物还提高了混凝土的吸湿性，这也能减小阴阳极之间的欧姆电阻。

3）钢筋锈蚀速度的研究[49]

钢筋锈蚀的过程由阴极反应过程、阳极反应过程和阴阳极之间的电荷传递过程组成。因此，混凝土中钢筋锈蚀速度的过程控制分为三种类型：阴极控制、阳极控制和欧姆电阻控制。阴极反应中，当其必要的反应物氧气的供应受到限制而影响到整个电极的反应速度时，则成阴极控制。当阴阳极之间的距离较远，两极之间的电阻较大时，则混凝土电阻控制发挥作用。在阳极，当其反应产物水化铁离子的传输困难进而使阳极反应困难时，则阳极控制占主导地位。

有学者认为，对锈蚀速度起决定作用的是混凝土的密实性和潮湿。Papadakis通过试验回归得到 CO_2 在混凝土中扩散系数的经验公式，公式中考虑了孔隙率及大气相对湿度的影响。清华大学在此基础上，根据 Fick 第一定律，得出了阴极反应腐蚀速度公式，并提出对于保护层碳化引起的钢筋锈蚀，对应于不同的混凝土含水率，存在不同的控制形式。即当相对湿度较大时，阴极控制发挥作用，当相对湿度较小时，控制形式由阴极控制转为阳极控制，而随着混凝土的干燥，混凝土电阻控制与阳极控制将共同起作用。

许多研究证明，钢筋锈蚀速度与混凝土液相的 pH 值有密切关系。当 pH>10 时，钢筋的锈蚀速度很小，而当 pH<4 时，则锈蚀速度急剧增加。但目前的文献资料中，还没有关于两者间关系的定量描述。

4）钢筋锈蚀量的研究现状[17]

钢筋锈蚀量也称钢筋锈蚀率，即单位长度钢筋锈蚀质量损失率，也可用钢筋锈蚀截面损失率或直径损失率来表征，它是表示钢筋混凝土结构性能劣化的重要指标。

由于环境条件不同，钢筋的锈蚀特征不一样，因此关于钢筋锈蚀量的评估方法也不尽相同。根据环境的差异，大致可将其分为两类：一类是大气环境下混凝土中钢筋锈蚀量的评估，一类是侵蚀环境条件下钢筋锈蚀量的评估。目前对于大气环境条件下钢筋锈蚀量的研究比较多，一般可假定为均匀锈蚀。其评估的理论模型有三种：一种是基于电化学原理的理论模型[38]；一种是通过对试验资料拟合得到的经验公式[39]；还有一种是人工神经网络模型[40]。而对于侵蚀环境条件下钢筋锈蚀量的研究较少，这时混凝土中的钢筋一般发生局部锈蚀，即坑蚀，而且一旦开始锈蚀即发展很快，坑蚀通常较均匀锈蚀更危险。评估坑蚀应考虑：单位面积的坑点数；坑点的大小；坑点的深度等。其评估模型有两种：一种是工程随机模型，假定混凝土中钢筋单位面积的坑点服从泊松分布[41]；另一种是日本学者提出的电化学三要素方法。需要指出的是以上的方法大都是基于混凝土保护层锈胀开裂前的评估预测。

当混凝土中钢筋锈蚀到一定程度后，混凝土保护层发生顺筋开裂，从而使钢筋锈蚀速度进一步加大、钢筋与混凝土黏结力明显降低。因此，混凝土保护层开裂时的钢筋临界锈蚀量是一个关键指标。国内外学者在此方面都进行了大量研究。其评估方法有弹性力学分析模型[44,45]、有限元分析模型[46] 和试验统计方法[47]。依据试验统计的钢筋锈蚀量评估公式，多是采用混凝土试件并使之在均匀锈蚀条件下进行试验的，因此其适用性受到局限，对此中国矿业大学在非均匀锈蚀条件下钢筋锈胀力与锈蚀率间的时变模型方面展开了研究。另外正确的测定在役混凝土结构中钢筋的锈蚀量是对钢筋混凝土结构或构件进行耐久性评估的基础，因此，如何准确检测混凝土中钢筋的锈蚀的方法是十分重要的。在一系列的混凝土中钢筋锈蚀测试方法中，电化学检测方法因其自身的优势受到了很大的重视和发展，在试验室已成功地用于检测混凝土中钢筋的锈蚀状况和瞬时锈蚀速度[48]。

1.2.2　海砂混凝土耐久性研究现状

钢筋混凝土结构的耐久性已经是世界关注的重大问题，钢筋锈蚀是影响耐久性的主要原因之一。在引起钢筋锈蚀的众多因素中，就包括了使用海砂带入氯离子所引起的腐蚀。对此工程界通常采用的对策是严格控制砂源，尽量避免使用海砂。但是世界上广大的沿海地区以及岛屿国家都不同程度地出现了淡水砂资源枯竭的现象，综合利用海砂资源已经成为不得不正视的现实问题。

在我国，随着沿海经济的迅速发展，建筑物的大量新建，河砂稀缺的现象也逐渐显现，而沿海地区海砂资源丰富，合理利用海砂是解决这一问题的有效途径。对此住房和城乡建设部专门下发了《关于严格建筑用海砂管理的意见》，要求建筑工程中采用的海砂必须是经过专门处理的淡化海砂，海砂中的氯化物含量必须符合建筑用砂的国家标准，对于钢筋混凝土，海砂中的氯离子含量不应大于0.06%[50]，对于预应力混凝土用砂的要求更加严格。尽管如此，海砂的使用还是不可避免地会将不等量的氯离子带进混凝土中，尤其是在目前监管不严的情况下，使用未淡化和淡化不达标海砂的情况时有发生，这将给钢筋混凝土的耐久性造成严重的隐患。文献［9］通过随机采样，抽取了宁波地区各海砂供应点以及部分建筑工地的砂样，发现未淡化海砂试样氯离子含量在 0.088%～0.119% 之间，经过淡化处理后的海砂试样氯离子含量在 0.065%～0.079% 之间，均超过了国家标准，情况不容乐观。

目前，国内对海砂混凝土耐久性的研究比较少，国外的研究则侧重于海砂中掺入钢筋阻锈剂的研发、应用方面。钢筋阻锈剂是延缓海砂混凝土中钢筋锈蚀的有效方法，但由于技术、价格等方面的原因，钢筋阻锈剂尚未在我国推广应用。宁波高等专科学校的于伟忠等人对海砂混凝土结构的耐久性开展了一些初步的研究，通过对某钢筋混凝土挡潮蓄淡闸的现场取样分析，发现采用海砂部位的氯离子含量比普通混凝土高得多，且顺筋开裂现象更加严重。通过试验分析得出提高混凝土强度、加大保护层厚度可以有效延缓钢筋锈蚀速度，且随着氯离子含量的增加，钢筋锈蚀速度明显加快的结论。另外，还通过钢筋在新拌砂浆中的阳极极化试验，发现砂中氯离子含量在 0.06% 和 0.11% 时，钢筋钝化膜已经损坏，氯离子含量在 0.03% 时钢筋的钝化状态就有活化的趋势，这说明目前国家规定的海砂中氯离子含量限值有些偏大，而且对于沿海地区的海砂混凝土结构，由于长期处于氯盐环境的侵蚀状态下，两种氯离子侵蚀的共同作用势必将加速结构的劣化，这应该引起我们的足够重视。

此外，同济大学的肖建庄、卢福海等还对淡化海砂高性能混凝土进行了应用研究[53,54]，以淡化海砂为细骨料，采用掺入粉煤灰、磨细矿渣及高效减水剂的方法，配置出低水胶比的高性能混凝土，并采用 ASTM C1202 方法对试块的抗氯离子渗透性进行了定性的评价，得出掺入粉煤灰等矿物掺合料的高性能海砂混凝土的抗渗性良好的结论，并且双掺的效果优于单掺。

1. 海砂中氯盐的限定值及依据

目前国内外对海砂所引起的混凝土破坏机理研究，焦点主要集中在海砂中的 Cl^- 含量与钢筋锈蚀的关系上。河砂与海砂在物理、力学性能方面虽有差异，但不是影响海砂作为混凝土细骨料应用的主要原因。众所周知，海砂中不同程度地含有海盐成分（其中主要是 Cl^-），而 Cl^- 能使混凝土中钢筋失去钝化状态，钢筋腐蚀发展，其锈蚀产物可膨胀 2.5 倍以上，致使混凝土开裂、剥落，最终导致结构物破坏、失效。

氯离子对钢筋腐蚀破坏是世界范围内关注的问题，人们从实践中认识到，要从各个方面限制 Cl^- 进入混凝土中，其中就包括限制海砂的使用。不同条件、不同地域的海砂，其含盐量大有区别。由海水中直接捞上的海砂含盐量最高，离海岸（海水经常达到的地方）越远，其含盐量越低；就垂直面而言，表层海砂，长期经受雨淋风化，其含盐量低，而深层可能含盐量高。某些远离海岸的表面海砂层，因其含盐量很低，Cl^- 的影响可忽略不计，完全可直接用作混凝土的细骨料，而 Cl⁻ 含量超标的海砂，则不能直接应用，必须采取相应的防护措施。

一些开发利用海砂的国家，都相应地制定有海盐含量的分级标准。如日本对海砂的含盐量进行了分级规定，日本建筑学会规定，氯盐含量为 0.02％ 以下者（以 NaCl 占干砂重量的百分比，下同）可直接使用。我国有关规程规定，对于普通钢筋混凝土，海砂的盐含量应低于 0.06％，预应力混凝土，应低于 0.02％。但没有规定含盐量超标后的技术措施，也即不允许使用超标海砂。

海砂含盐量的限定值的规定服从于混凝土中混凝土 Cl⁻ 总量的限定值的规定。如果能够保证低于这个限定值，使用海砂是安全的。反之，超出此限定值，混凝土中 Cl⁻ 总量（浓度）就会达到或超过钢筋腐蚀的"临界值"，若不采取可靠的防护措施，钢筋就会发生腐蚀，结构就会发生破坏。腐蚀速度与海砂带入的 Cl⁻ 总量（浓度）呈正比关系，那就是说，海砂含盐量越高，其腐蚀破坏出现就越早，发展就越快。

关于引起混凝土中钢筋锈蚀的氯离子浓度的"临界值"各国在相关规程、规范中都给出了明确的规定，表 1-1 是美国混凝土学会的相关规定。

混凝土中 Cl⁻ 限量（水泥重量百分比）

表 1-1

类型		ACL201-77	ACL31-83	ACL222R-85
	预应力混凝土	0.06	0.06	0.08
普通混凝土	湿润环境	0.10	0.15	0.20
	有氯盐环境	0.15	0.30	
	无氯盐干燥或有保护	不限	1.0	

由表 1-1 可以看出，美国混凝土学会所属的几个委员会的规定不完全相同，其中以 ACL201 委员会的规定比较严格，并被世界许多国家参照采用。欧洲、澳大利亚、加拿大等地区和国家，在各自的规范中，都有与美国混凝土学会相同或近似的限量规定。我国新近编制的海工混凝土规范中，也将 Cl⁻ 含量为 0.1％（水泥重）作为限定值。日本为了便于应用，规定了每立方米混凝土中 Cl⁻ 含量的限定值。日本土木学会编制的规范中规定，对于耐久性要求较高的钢筋混凝土，Cl⁻ 总量不超过 0.3kg/m³；一般钢筋混凝土，Cl⁻ 总量不超过 0.6kg/m³。若每立方米混凝土按 300kg 水泥计算，以上规定为水泥重量的 0.1％～0.2％，与表 1-1 中美国的规定基本一致。然而，日本是一个岛国，并且河砂奇缺，如今，绝大多数采用海砂。面对广泛的氯盐环境，日本一方面有 Cl⁻ 总量的限制规定，另一方面规定了氯盐"超标"时必须采取的技术措施。

这里需要指出的是海砂仅是引入 Cl⁻ 到混凝土中的途径之一，但还有施工用水、外加剂等先天因素及环境中 Cl⁻ 浸透等后天因素，若不从各方面严加限制，钢筋混凝土结构在建造初期或使用前期，混凝土中 Cl⁻ 超出"临界值"是很容易的，那么耐久性就成为带普遍性的大问题。

2.海砂混凝土耐久性的保证措施

世界上一批沿海、岛屿国家已经率先开发利用海砂资源，并取得了成功的经验。最典型的是日本，由于内河少，该国河砂资源短缺，数十年前就已经进行以海砂取代河砂的试验研究与工程应用工作。到目前为止，日本全国混凝土工程中细砂用量，90%以上已使用海砂，这样既解决了河砂奇缺的问题，又合理开发利用了海砂资源。日本在利用海砂问题上所采取的主要措施是采用了钢筋阻锈剂，它是针对氯盐引起混凝土中钢筋腐蚀而开发的[25]。1973年在冲绳发电站建设工程中正式大量使用了钢筋阻锈剂。以后用量猛增，到1980年，每年有160万 m³混凝土使用了钢筋阻锈剂。1982年日本制定了《钢筋混凝土用防锈剂》工业标准，建设省还颁布了指令文件，要求使用海砂或环境氯盐超标的工程，必须使用钢筋阻锈剂。

钢筋阻锈剂为加入（或渗入）混凝土中能阻止或减缓钢筋腐蚀的化学物质。按使用方式和应用对象可以分为掺入型和渗透型。由于钢筋阻锈剂成分不同，其作用原理也复杂不一，这里仅就掺入型为例，简述其功能与作用。钢筋阻锈剂的功能主要不是阻止材料或环境中氯离子进入混凝土中。实质是抑制、阻止、延缓钢筋腐蚀的电化学过程。当氯离子不可避免地进入混凝土中之后，有钢筋阻锈剂的存在，使有害离子丧失或减缓了对钢筋的侵害能力。一般说来，混凝土中阻锈剂的含量越多，容许进入（而不致引起钢筋腐蚀）的氯离子的量就越高。这就提高了氯离子腐蚀钢筋的"临界值"。综合结果是推迟了氯离子引起钢筋锈蚀的时间并减缓了其发展速度，从而达到延长结构物使用寿命的目的。

我国在研制、开发钢筋阻锈剂方面起步并不晚，20世纪60年代就有人利用亚硝酸钠作为钢筋阻锈剂的成分，试用于混凝土中，并取得一定经验。20世纪80年代初，冶金部为在渤海湾南岸开发建设金矿，须解决海盐、海砂、海洋环境对钢筋混凝土建筑物的腐蚀问题，于是列题研究了复合型钢筋阻锈剂。随后《海工混凝土结构技术规范》《海工混凝土防腐规范》等都纳入了相关钢筋阻锈剂的内容。基于此，在一些建筑工地，人们开始在海砂中掺加了阻锈剂。然而，阻锈剂的价格高达每吨一万元左右，很多建筑商根本不愿意把钱投入到这上面，真正在海砂中加入钢筋阻锈剂的工地寥寥无几，这就造成了很大的耐久性隐患。

针对这种情况我国的国家标准《建筑用砂》《混凝土质量控制标准》和行业标准《普通混凝土用砂质量标准及检验方法》对使用海砂问题作了规定，即建筑工程中采用的海砂必须是经过专门处理的淡化海砂[26]。我国淡化海砂的概念正式提出是在1997年，现在国标《建筑用砂》已经将其作为天然砂分类予以明确。淡化海砂是海砂经淡水冲洗、净化后形成的天然砂。海砂经淡化后，筛除了粗颗粒和杂质，氯离子和贝壳含量明显下降，级配较好可以满足建筑用砂要求。淡化海砂生产加工工艺见图 1-1，由图可见，淡化海砂生产加工可操作性强、工艺简单、质量易于控制，主要是一次滚筛和两次淡水冲洗。

除此之外，国内外广泛采用的保证混凝土耐久性的措施还有使用高质量和高性能的混凝土、混凝土外涂层、特种钢筋（如环氧涂层钢筋、不锈钢钢筋等）、阴极保护技术等。

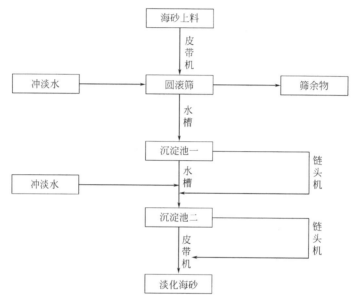

图 1-1　海砂淡化工艺流程图

1.2.3　高性能化混凝土耐久性研究现状

决定钢筋混凝土结构是否耐久的关键因素是混凝土的性能，而混凝土性能与其组成材料的品种、用量和质量密切相关。传统混凝土是以水泥、砂、石和水为原料的普通混凝土，它们在海洋、地下及污染等恶劣环境条件下，不能满足结构耐久性的要求。为此，进入 20 世纪 90 年代以来，国际混凝土界提出了对普通强度的混凝土进行高性能化的理念。即使强度等级在 C20～C40 范围的混凝土具有较高的耐久性能，而混凝土要达到高性能化最重要的手段就是将混凝土组分中掺入足够数量的超细矿物掺合料。从国内外现有的资料看，混凝土常用的活性掺合料主要有硅灰、细磨矿渣、优质粉煤灰等[52]。

有学者认为[51]，混凝土中氯离子的渗透主要由两个基本因素决定，一是混凝土对氯离子渗透的扩散阻碍作用，这种能力主要取决于混凝土的孔隙率及孔径分布；二是混凝土对氯离子的物理或化学结和能力，即固化能力，这种固化能力既影响渗透速率，又影响水中自由氯离子的结合速率。矿物掺合料混凝土中的氯离子的迁移虽然同普通混凝土一样存在三种方式，即扩散、毛细管吸附和渗透，但由于其结构一定程度上的改善，使其氯离子渗透机理与普通混凝土表现得有所不同。

矿物掺合料的掺入，会在两个方面对混凝土中的氯离子渗透产生影响。首先，矿物掺合料改善了混凝土内部的微观结构和水化产物的组成。由于稀释效应，特别是火山灰效应，减少了粗大结晶、稳定性极差，很容易遭到氯盐等侵蚀介质腐蚀的水化产物 $Ca(OH)_2$ 的数量及其在水泥石-集料界面过渡区上富集与定向排列，从而优化了界面结构，并生成了强度高、稳定性更优、数量更多的低碱度水化硅酸钙凝胶。水化产物组成的改善，对于提高包括抗氯离子渗透性在内的混凝土各方面耐久性作用极大。同时，因为矿物掺合料是以超细粉掺入的，它们的填充效应使水泥石结构和界面结构更加致密，从而大大降低了混凝土的孔隙率，并使孔径减小，阻断了可能形成的渗透通路（贯通），所以水和侵蚀介质难以进入混凝土内部。正是在矿物掺合料上述功效的综合作用下，矿物掺合料混凝土对氯离子扩散阻碍能力得到明显提高。

另一方面，由于矿物掺合料的物理吸附（初始固化）和二次水化反应产物的物理化学吸附固化，使矿物掺合料混凝土对氯离子具有较大的固化能力，有利于降低氯离子在混凝土中的渗透速度，从另一方面提高了掺合料混凝土的抗氯离子渗透的能力。

1.2.4　钢筋混凝土构件耐久性研究现状

钢筋混凝土结构的耐久性损伤首先从钢筋和混凝土材料的物理、化学性质劣化开始，继而引起钢筋混凝土构件耐久性能及承载能力的退化，最终会影响整个结构的安全。因此，钢筋混凝土结构耐久性应从材料、构件和结构三个层次加以研究，而对构件承载力的判断是结构可靠度鉴定工作的关键，对钢筋混凝土构件耐久性的研究是混凝土结构耐久性研究的前提和基础。钢筋锈蚀引起混凝土保护层胀裂，锈胀裂缝产生后钢筋的锈蚀加速，大大影响钢筋混凝土构件耐久性能。在构件耐久性研究层次上主要分三个方面[1]：混凝土锈胀开裂模型、黏结性能退化模型和构件承载力的变化。

目前，对受腐蚀钢筋混凝土构件的研究方法主要是试验研究结合有限元分析。试验研究中，腐蚀构件的模拟一是通过实验室试验，包括快速腐蚀试验（通电化学腐蚀、加氯盐腐蚀等）和盐雾试验，二是长期自然暴露试验，三是替换构件法。有限元分析中，大多采用钢筋混凝土非线性有限元方法对受腐蚀钢筋混凝土构件进行非线性模拟。

通电化学快速腐蚀试验通常是将试件浸入一定浓度的 NaCl 溶液中，用外部电源通以恒电流，混凝土中的钢筋做阳极，不锈钢做阴极，通过控制电流密度的大小和通电时间来控制钢筋的腐蚀量。在混凝土中掺加氯盐的快速腐蚀试验一般是在浇筑混凝土试件时，在混凝土拌合物中加入一定比例的氯盐，然后在自然条件下放置，或是施加一定大小的电流进行加速腐蚀。盐雾室中的腐蚀试验是用来模拟氯化物在混凝土试件中的渗透，一般将试件放置在一个密闭的盐雾室中，盐雾室中还可以进行干湿交替、温度变化等。长期自然暴露试验是将钢筋混凝土试件放置在各种自然侵蚀环境中，如大气环境、海洋环境、化工环境等，试验的周期较长，但能够较真实地反映实际情况。替换构件法是对长期处于腐蚀环境下的、实际工程中的钢筋混凝土构件从工作现场拆下来，进行各种力学性能试验。

钢筋混凝土梁是钢筋混凝土结构中的重要受力构件，研究锈蚀钢筋混凝土梁的结构性能，是钢筋混凝土耐久性研究中十分关键的问题。目前国内外许多研究者对锈蚀钢筋混凝土梁耐久性能做了大量的研究。

文献 [62] 对锈蚀钢筋混凝土梁耐久性退化进行了研究。研究表明，钢筋腐蚀通常会改变正常配筋混凝土梁的破坏类型，完好梁一般为适筋弯曲破坏，而受腐蚀梁破坏转向少筋梁的破坏形式或表现为剪切破坏的形式。受腐蚀梁在钢筋屈服前，受力裂缝不明显，裂缝高度很低，一旦出现高度较高的明显的受力裂缝，这时钢筋已经屈服，构件即将破坏。

中国矿业大学袁迎曙教授等[63] 采用通恒电流的方法对钢筋混凝土梁进行加速锈蚀，设计了三个不同的钢筋锈蚀程度：0%、5%、10%。从试验结果看，锈蚀钢筋混凝土梁结构性能发生了变化：①梁的承载力下降；②梁的延性下降；③梁的破坏形态发生变化。并且用非线性有限元的方法对锈蚀钢筋混凝土梁结构性能退化进行了研究，分析了锈蚀对钢筋混凝土梁荷载-挠度曲线的影响以及锈蚀对钢筋应力与黏结力的影响等。

文献 [64] 用通电化学腐蚀的方法对锈蚀钢筋混凝土梁抗弯强度进行了试验研究。试验中所有试验梁为受弯破坏，钢筋锈蚀率变化梁底部出现裂缝的时间基本一致，指出钢筋锈蚀率不影响钢筋混凝土梁的开裂荷载，但随着锈蚀率的增加，钢筋混凝土梁的受弯破坏形态从适筋破坏转变为类似少筋破坏，破坏时裂缝从分布的几条转向集中的某一处，且钢筋混凝土梁的强度和刚度都有下降。文章还分析了抗弯强度下降的原因：钢筋锈蚀引起的钢筋截面积减小；钢筋锈蚀引起的钢筋名义屈服强度（由屈服荷载除以公称面积得到）的减小；钢筋锈蚀引起钢筋与混凝土的黏结力下降而导致的钢筋与混凝土协同工作系数的降低。

文献 [65] 对服役的钢筋混凝土梁做了承载力试验研究。试验梁均为适筋梁受弯破坏，试验表明，构件的损伤程度对构件的承载能力有明显的影响，损伤越多，承载能力越低。试验数据分析得出了影响服役构件承载能力的三个因素：①截面变化。由于钢筋锈蚀、混凝土保护层脱落，构件截面有不同程度的损失，必然对承载能力有一定的影响。②材料力学性能的变化。构件服役时间较长，混凝土自身受腐蚀，强度降低。钢筋锈蚀后，塑性性能变差，锈蚀钢筋的蚀坑产生缺口效应和应力集中引起屈服强度的变化。③钢筋与混凝土协同工作性能的变化。

此外，还有学者对钢筋锈蚀前后钢筋混凝土梁在低周反复荷载下的受力性能进行研究，发现在反复荷载作用下锈蚀钢筋混凝土梁的承载力退化明显加快，抗震能力降低。

1.2.5 钢筋混凝土结构耐久性寿命评估研究现状

在钢筋混凝土结构耐久性寿命研究方面，由于钢筋锈蚀、混凝土碳化以及冻融循环是致使结构构件的主要因素，所以，目前对钢筋混凝土材料层次的耐久性寿命研究大部分还集中在氯离子扩散、混凝土碳化导致钢筋锈蚀方面[81]。另外，还有少量关于混凝土冻融循环、化学侵蚀等方面的预测。文献［82］总结了目前常用的5种预测混凝土耐久性寿命的方法：

1. 基于可靠度理论的混凝土结构耐久性寿命评估方法

用可靠度理论研究结构的耐久性是结构耐久性评估的一个重要方面，文献［83］在对影响钢筋混凝土梁耐久性因素分析的基础上，采用可靠度理论对一座既有铁路混凝土桥梁在单元时段内的失效概率进行了估计，并根据剩余使用期内的失效概率与单元时段内失效概率的简单比例关系，对该梁剩余使用期内的失效概率进行了估计；文献［84］考虑了结构抗力随时间衰减的时变性对结构可靠性的影响，给出了基于可靠度的钢筋混凝土结构耐久性分析方法；另外李田、刘西拉等提出了与现行规范的极限状态设计法相一致的耐久性设计方法，这种设计方法形式简单，耐久性含义明确，与现行结构可靠度设计统一标准采用的极限状态设计方法有较好的协调性。

2. 基于模糊数学理论的混凝土结构耐久性寿命评估方法

文献［85］建议了一种基于模糊数学理论的回归分析法，将混凝土碳化规律描述为一模糊区域，取区域中相应的隶属函数值与之对应。文献［86］论述了模糊集理论在桥梁状况评估中的应用，将材料特性、桥梁的几何特性以及作用荷载是作为重要参数，对桥梁的承载能力进行了模糊评估，并提出了用权重非常量来表征结构的破损状况。文献［87］用层次分析法建立了桥梁安全性评价模型，在专家咨询的基础上，借助多级模糊综合评判和打分法相结合，分析确定影响桥梁安全性的各因素的权重及隶属度，并计算出桥梁安全性的总评分，据此确定桥梁安全性等级等。

3. 混凝土结构耐久性寿命的专家系统评估方法

20世纪80年代后期，美国在对混凝土耐久性进行了多年研究的基础上，建立了建筑材料的第一个专家系统。它是由美国国家标准局和美国混凝土耐久性委员会（ACI 201）共同研制的，是专门用于为提高混凝土耐久性而进行混凝土设计方案决策的标准系统；我国的黄士元、唐明述等学者也先后对冻融循环、钢筋锈蚀、碱集料反应、抗硫酸盐侵蚀等单一因素的耐久性研究建立了专家系统；文献［88］在对十位桥梁专家的咨询以及大量调查研究基础之上，收集整理了桥梁评估专家知识，提出用损伤度来度量结构或构件的损伤程度，并探索了桥梁评估的专家系统；文献［89］开发了以斜拉桥为背景的拉索桥梁安全性与耐久性评估专家系统，该系统能够同时处理数值型和语言描述型变量，根据监测过程中所获得的数据，能够对桥梁总体及其各个部分的状况进行评估，及时获得桥梁运行状态信息，评估其退化及损伤程度，对结构的现代化管理具有重要的现实意义；文献［90］用专家系统来分析水电工程钢筋混凝土结构破损状况，试图模仿人类专家决策的机理，发展一种决策方法对建筑物的破损状态进行评估。

4. 基于神经网络的结构耐久性寿命评估方法

由于结构构造和外界环境的复杂性，使得混凝土结构耐久性评估结果与影响因素之间表现出很强的非线性，因此，近几年来基于神经网络的结构评估、预测技术得到了长足发展。文献［91］提出了基于神经网络的结构耐久性多目标评估法，以结构裂缝宽度，挠度作为耐久性评估的网络输入，并较好地解决了数据空间分布不均对网络收敛速度及精度的影响问题。文献［92］运用了人工神经网络自学习、自调整、自适应的特点，进行混凝土结构碳化深度的分析计算和预测。文献［93］采用基于神经网络与响应面法相结合的结构可靠度分析方法，通过得出的可靠指标对受海水腐蚀的混凝土结构进行了耐久性评价，该方法建立的神经网络模型可以很好地拟合真实的极限状态函数，在混凝土耐久性预测中具有较广阔的应用前景。

5. 基于灰色系统理论的结构耐久性寿命评估方法

文献［94］首先提出了灰色系统的概念，并由此建立了灰色系统理论。该理论目前已应用到交通运输、农林、文教、工业控制等几十个不同的领域。文献［95］应用灰色预测系统理论对混凝土疲劳强度进行研究，并建立了单变量的一阶灰色预测模型，在少量高应力水平疲劳试验结果的基础上，预测出混凝土材料的疲劳强度，通过与试验值的比较，证明这种预测方法是简便易行、可靠的，也是一种可以大大减少试验工作量，缩减试验周期的疲劳强度预测方法；文献［96］以结构损伤系数的时间序列为基础，建立了灰色预测模型以及改进的灰色预测模型，去外推结构剩余寿命，在一定程度上消除了原始序列的随机性，使模型在信息量较少，数据质量不高的情况下也有较高的预测精度；提出了一种基于灰色系统理论的混凝土碳化灰区间回归分析模型，在此基础上，提出了以加权平均可靠指标来综合反映混凝土平均碳化耐久程度的思想。

综上所述，在短短的二十多年时间里，人们围绕混凝土结构耐久性若干技术问题开展了卓有成效的研究工件，并取得了丰硕的成果。但是，由于混凝土结构本身特点和使用环境的复杂性，在耐久性评估、预测与混凝土质量控制等领域仍有许多问题需要进一步研究，如影响因素的多样性和超叠加作用问题、结构施工期荷载作用的不确定性问题、老化期间的抗力时变性问题、结构破损状况的复杂性和评价指标的多样性问题等，都值得深入探讨。

1.2.6 钢筋混凝土结构腐蚀防护技术研究现状

1.常用的混凝土结构腐蚀防护方法及其存在问题

在大量的工程实践和科学研究中，已探索了多种技术、措施来防止混凝土和钢筋混凝土的破坏和腐蚀。通常采取的技术和措施可以分为"内"和"外"两种。

"内"是指从水泥混凝土自身特点出发所采取的措施，常用的方法[97] 有：（1）改变矿物熟料组成，采用性能上更加优良的水泥品种。（2）掺用高效减水剂、引气剂等外加剂及硅灰、磨细矿渣等掺合料。（3）正确设计混凝土的配合比，仔细选择骨料集配并在工艺上采取措施提高混凝土密实度。对处于氯离子腐蚀环境下的钢筋混凝土采用的措施还包括提高混凝土保护层厚度、应用阻锈剂、阴极保护及使用环氧涂层钢筋[98] 等。采取的这些方法措施一定程度上提高了混凝土和钢筋混凝土的实用性能延长了耐久性，但是还应注意到这些方法措施存在的局限性。

上述措施方法主要针对在建和将要建设的混凝土和钢筋混凝土建筑物。我国自20世纪80年代后期开始大规模基础设施建设，大吨位的深水海港码头、大型水利水电工程、高速公路网、城市立交桥、商厦、高层居民楼如雨后春笋般矗立[99]，其中绝大部分是混凝土和钢筋混凝土结构。同时这些混凝土和钢筋混凝土结构不可避免地受到环境的侵蚀和破坏。面对这些已经建造的混凝土和钢筋混凝土结构的腐蚀和破坏上面介绍的方法措施无能为力，起不到很大的作用或根本不起作用。

从另一方面讲，早期的某些建筑物或许可以推倒重建，但对于很多的混凝土和钢筋混凝土建筑物，例如承担繁重交通任务的桥梁、正在使用的大坝、还有一些具有历史意义的建筑物推倒重建既不可能，当前经济上也不能承受。

中国地域广阔，自然环境多种多样，既有东南沿海的海洋环境、大西南地区的酸雨环境还有大西北的沙漠环境等。在特定的环境下仅从混凝土自身来考虑采取的措施还远远不够。典型的一个例子是在酸雨环境下，混凝土将会不断的遭受酸蚀而破坏，陈健雄、吴建成等[100] 指出酸雨对重庆地区的建筑物耐久性产生了严重的影响，这种情形迫使我们考虑别的方法，比较好的方法是在建筑物表面涂刷耐酸性涂层，这个问题将得到较好的解决。

这种方法是下面提到的"外"方法措施中的一种。"外"是指针对混凝土结构和其所在环境采取的强化、保护和修补措施，经常采用的方法[101]有：（1）使用憎水剂；（2）油漆涂层；（3）防腐薄膜材料等。这些方法各有优势，但对水泥混凝土来讲其缺点同样不容忽视。例如这些方法措施或同水泥混凝土基体黏结力不理想，或在阳光照射下易老化，寿命较短。

2. 混凝土结构表面防腐技术的研究现状

海工混凝土防护涂层可在混凝土表面形成一层阻止水和其他水溶性介质进入混凝土的防护层，从而提高海工混凝土的耐久性。最早期的防护涂层以无机防护层为主，砂浆层防护是主要方式。这类涂层取材方便，施工简单，对环境污染较小，但防腐效果差，难以满足越来越高的耐久性要求及更为苛刻的使用环境。

有机防护涂层因其优异的防护性能逐渐发展起来，常见的有：环氧防腐涂层、聚氨酯防腐涂层、氯化橡胶防腐涂层、高氯化聚乙烯防腐涂层、丙烯酸酯防腐涂层等。早期的有机防护涂层多为单一高分子材料，存在使用针对性较强且污染环境的缺点。目前，提高涂层防护效果的途径有两种：第一种，对单一防腐材料进行改性；第二种，开发新材料。防护涂层正向着综合性和环保型方向发展。当前，国内外常用的混凝土表面涂层主要分为两大类：封闭型涂层和渗透-封闭型涂层，两者的防护技术对比如下。

1) 防腐涂层的机理

当前，国内外常用的混凝土表面涂层主要分为两大类：封闭型涂层和渗透一封闭型涂层。两者各有性能上的优势和特点。

(1) 封闭型涂层防护机理

封闭型涂层固化后与混凝土构件表面通过物理键结合，将构件与腐蚀介质相隔绝，从而对构件起到保护的目的。封闭型涂层主要有环氧类涂层、聚氨酯类涂层、氯化橡胶类涂层和丙烯酸类涂层等或相关的改性产品。

封闭涂层失效的原因是以下几个方面：①暴露于腐蚀介质中，涂层分子链自然老化断裂；②混凝土构件内部气体和水分溢出，导致涂层产生鼓泡破坏；③涂层难以与混凝土构件的热膨胀系数保持一致，产生应力疲劳破坏；④意外物理撞击。由于以上原因，一般封闭涂层在实际工程中的保护年限大多在 5～8 年，情况较好的能达到 10 年或 10 年以上。

(2) 渗透-封闭涂层防护

渗透-封闭涂层主要是有机硅涂层。渗透-封闭涂层渗透到构件内部，在构件表面及表层的毛细管壁与构件通过化学键牢固结合，改变构件的表面性能；在构件表面大大降低水和氯离子在构件表面的临界相浓度和补充速度，起到封闭作用；在构件表层大大降低氯离子向构件内部的定向迁移速度。有机硅材料是半永久性防护材料，能起到长效防护的目的。

渗透-封闭型涂层的失效原因主要有两种：①暴露于腐蚀介质中，涂层分子链自然老化断裂；理论上认为有机硅材料是半永久性防护材料，使用寿命可达50年，在一定情况下具有自修复功能；②意外强力物理撞击。

（3）涂层综合性能对比

用于桥梁钢筋混凝土构件表面防护的封闭型涂层和渗透-封闭型涂层，都具有耐候性能、防水性能、耐老化性能、耐盐雾性能、抗氯离子性能，由于防护机理的不同，从长效防护的角度来看，渗透-封闭型涂层的综合性能更优异。单位面积的涂层产品的材料价格，渗透-封闭型涂层略高于封闭型涂层，但考虑到渗透-封闭型涂层性能更优异，保护年限更长，有效保护年限可长达50年。所以，相对来说渗透-封闭型涂层的性价比更高。

目前，渗透-封闭型涂层的主要成分是硅烷或硅氧烷，涂装渗透-封闭型涂层的构件受外力撞击，导致涂层分子的分子链断裂，在周围有水存在的情况下断裂分子链重新聚合，具有一定的自修复功能，满足桥梁结构表面防护耐久性材料具有一定修复功能的要求。一般，封闭型涂层不具有自修复功能。

2）常用防护涂层的种类及其应用

（1）玻璃鳞片防腐涂层

玻璃鳞片防腐涂层是以含有微小玻璃鳞片的耐磨重防腐蚀涂料为成膜物的防护涂层。鳞片在涂膜内部相互平行且重叠排列，一方面把涂层分割成许多小空间而大大降低涂层的收缩应力和膨胀系数；另一方面，能形成防止介质扩散的屏障，增加介质通过涂膜的扩散时间，从而增大涂膜的抗渗性能及机械强度。贾梦秋等人[102]采用交流阻抗法评价了玻璃鳞片乙烯基酯树脂涂料的防腐蚀性能，并对其耐腐蚀机理进行了研究，结果表明：添加玻璃鳞片的涂层比未添加玻璃鳞片的涂层具有更好的抗渗透性和耐腐蚀性。同时，涂层中玻璃鳞片的存在，可有效抑制涂层龟裂、剥落等现象，使涂层具有优异的附着力与抗冲击性，可用于腐蚀非常严重的海中和海浪飞溅区的构筑物上。但在低温条件下，涂层固化速度慢，难以满足施工要求，且固化时有一氧化碳放出，用于户外时抗紫外线大气老化性能较差。

（2）有机硅改性防腐涂层

有机硅具有耐热性、耐候性、疏水性好、生理惰性等优点，常作为其他材料的改性剂[103、104]。王金伟等人[105]通过氨基硅油与异氰酸基封端的低聚物共聚，合成了氨基硅油改性的聚氨酯，并通过盐雾试验证明了改性聚氨酯的防腐蚀性能大大改善。陈少鹏[106]将有机硅与环氧树脂通过化学键结合，合成有机硅改性环氧树脂。实验表明：该改性涂层的耐热性、柔韧性和疏水性比环氧树脂有很大提高。党俐等人[107]采用预乳化与种子乳液聚合法相结合的聚合工艺及有机硅单体后添加技术，半连续乳液聚合方法，将带乙烯基的有机硅活性单体和丙烯酸酯类单体共聚，对丙烯酸树脂进行改性，合成了一种新型的混凝土防护涂层，增强了混凝土的耐水性，同时混凝土的耐碱性和透气性均满足要求。另外，有机硅防腐涂料正从溶剂型向水性发展，以降低对环境的污染。但有机硅防腐涂层具有较大的挥发性和透气性，长期防护效果较差，且不能用于有水压或是其他外力作用下的结构防护，全面防护性能不够理想。

（3）氟碳防腐涂层

氟碳涂料是以氟烯烃聚合物或氟烯烃与其他单体的共聚物为主要成膜物质的涂料。在涂料性能方面，氟碳树脂涂料的耐中性盐雾腐蚀性优于聚氨酯涂料及铝粉石墨醇酸涂料；氟碳树脂涂料的耐紫外人工老化性优于聚氨酯涂料；氟碳涂料具有良好的耐酸性和耐碱性。但由于氟碳树脂疏水性较差，故其在混凝土防护中的应用较少。范波波[108] 提出添加有机硅树脂以增强氟碳涂料的疏水性，并制得有机硅树-氟碳树脂涂料，既具有氟碳涂料的优异耐腐蚀性能，又具有有机硅树脂的疏水性。李运德[109] 对 FEVE 氟碳防腐涂料的研究表明：FEVE 氟碳涂料比传统丙烯酸聚氨酯涂料的耐候性优异得多，采用醚类或大单体的 FEVE 氟碳涂料具有更优异的耐候性和防腐性。

（4）纳米复合防腐涂层

纳米粒子具有许多特殊性质，如表面尺寸效应、体积效应、量子效应等，这使得纳米材料一直是人们研究的热点。研究表明：纳米粒子可对普通涂层进行改性，改善涂层的耐介质性、耐老化性等，提高涂层的抗腐蚀能力。杨立红等人[110] 利用电化学阻抗法，结合涂层电阻与涂层特征频率分析、盐雾试验、表面形貌观察等，研究了纳米氧化锌的加入对涂层抗渗透能力的影响，结果表明：纳米复合涂层的抗介质渗透性能明显优于普通涂层。Y W Chen—Yang 等人[111] 利用插层聚合的方法制得两种纳米改性聚氨酯，并用塔菲尔法证明了当纳米粒子的添加量为 2% 时，改性聚氨酯的防腐性能较纯聚氨酯的防腐性能有较大提高。但纳米粒子成本较高，限制了其应用推广。

（5）互穿聚合物网络防腐涂层

互穿聚合物网络（IPN）是一种新型"高分子合金"材料，采用特殊的制备方法，理想地将两种不相混溶的聚合物通过网络互相穿插、缠结而强迫相容，新聚合物既具有记忆能力又不失去原有特性，同时具有协同作用，以强补弱，甚至获得其他聚合物无法比拟的优异性能[112]。王国建[104] 结合呋喃树脂涂料优良的防腐蚀性能，用丙烯酸酯聚氨酯对其改性以改善其质地较脆、附着性较差等缺陷，形成了互穿聚合物网络，相对于未改性前的呋喃树脂涂料，IPN 涂料的抗冲击性、柔韧性、干燥时间、附着性等指标有较大幅度提高，综合性能更好。沈人杰等人[114] 采用原位差层聚合与聚合物互穿技术相结合，制备了有机蒙脱土改性的聚氨酯、环氧树脂复合材料，它具有较好的微观网络结构，自由体积小，水、氧或离子等进入困难，从而延缓了腐蚀。SM. Krishnan[115] 指出：由环氧树脂、聚氨酯、丙烯酸酯三者构成的互穿网络涂料，具有比脂肪族聚氨酯更强的耐紫外线能力。

（6）聚脲防腐涂层

美国聚脲发展协会将聚脲定义为由异氰酸酯封端的预聚物（简称 A 组分）与氨基化合物组分（简称 R 组分）反应生成的高聚物[116]。A 组分和 R 组分在专用喷涂设备的喷枪内混合后喷出，快速反应固结成弹性体涂膜[117]。聚脲防腐涂层的优点体现在：综合性能优异，可用于混凝土全方位的防护；零 VOC，绿色环保；采用专用机器喷涂的施工工艺，可快速连续施工。杨华东[118] 研究了聚脲涂层和聚氨酯涂层混凝土的耐酸性、耐碱性、抗冻融性，结果表明：聚脲涂层具有比聚氨酯涂层更优异的耐酸碱腐蚀性和耐海水冻融性。杨娟等人[119] 采用 DSC 和 FTIR 对不同硬段含量的脂肪族聚脲的结构与性能进行了研究，结果表明：聚脲呈现部分微观分相的形态，随硬段含量增加，材料的拉伸强度、撕裂强度和硬度显著提高。葛海艳[120] 研究了聚脲弹性体涂层不受应力及应力作用下的抗氯离子渗透性能，结果表明：聚脲弹性体涂层显著提高了混凝土的抗氯离子渗透性，可应用于海上混凝土的防护。近几年，吕平等人[121] 用聚天冬氨酸酯合成新型脂肪族聚脲弹性体，并对其进行了结构、理化性能、加速老化行为、动态力学行为及海洋老化行为的研究，证明聚天冬氨酸酯聚脲既具有良好的柔韧性和力学性能，又具有结构致密、防腐蚀性强的特点。喷涂聚脲弹性体在混凝土防护方面的优良性能已逐渐被世人认可，并得到越来越广泛的应用。美国波士顿地铁、旧金山 San Mateo 大桥、韩国仁川机场、2008 北京奥运会场馆、京沪高速铁路等国内外重点工程，都毫无例外地采用了这种高性能的防护技术。聚脲技术已成为21 世纪最具发展前途的高技术、新材料之一。

（7）硅烷浸渍技术

硅烷浸渍处理技术的防护机理包括化学结合机理和物理憎水机理[122]。

化学结合机理是指：利用硅烷特殊的小分子结构，穿透混凝土的表层，渗透到混凝土内部几到十几毫米，分布在混凝土毛细孔内壁，甚至到达最小的毛细孔壁上，在毛细孔中空气、水的作用下，硅烷水解形成硅醇，新生成的硅醇与硅酸盐中羟基反应形成硅氧烷链，并相互缩合在基材表面形成一层坚固、刚柔的斥水层网状结构的硅树脂憎水层[123-125]。硅烷与混凝土基体的化学结合可以分为四步。第一步为水解过程；第二步为缩合过程；第三步为缩聚产物与混凝土基体中的水发生反应，以氢键键合；第四步为脱水缩合形成硅树脂[126]。硅烷浸渍处理后所形成基材的表面张力远低于水的表面张力，并产生毛细逆气压现象，且不堵塞毛细孔，既能够防水又能保持混凝土结构"呼吸"的功能。另外，因化学反应形成的硅树脂憎水层与混凝土有机结合为一整体，使基材具有一定的韧性，能够防止基材开裂且能弥补 0.2mm 以下的裂缝[127]。

物理憎水机理是指：硅烷浸渍处理后的混凝土结构，空气-硅烷界面将替代空气-混凝土界面，将固气界面转变为固液界面，表面张力将发生改变。研究表明，当表面浸渍处理材料的表面能小于 25m·N/m，即与水的接触角大于 98°时就具有优良的憎水效果。由于硅烷的表面张力较小，远小于水的表面张力 72m·N/m，当水与此新界面接触时，其润湿角大于 90°，表现出憎水特性，使水无法润湿混凝土[128,129]。

1.3 钢筋混凝土结构耐久性的研究发展方向

混凝土结构的耐久性研究是一个十分复杂的结构工程基础问题，虽然这方面进行了许多工作，但是仍有许多地方需要进一步完善。目前已进行的研究有赖于大量的试验数据、长期观测数据和调研数据，但这些数据还比较缺乏，且缺乏可比较性。因此，这方面仍然是今后很重要的工作。下面主要结合滨州秦口河桥耐久性评估这个项目谈谈混凝土结构耐久性问题上有待进一步研究的方向。

在自然环境、使用环境中，由于腐蚀介质的侵蚀及材料的老化，结构的性能不断劣化，其结果是导致结构的使用寿命缩短。结构的使用寿命评估是个概率问题，目前对结构使用寿命的预测已有较多的研究，但这些研究没有考虑结构性能随时间的变化。实际上，结构性能随时间的衰减规律极其复杂，由于受材料制作、施工、养护等因素的影响，同一地域不同结构甚至同一结构不同部位材料的性能随时间的变化都相差很大，因此结构耐久性研究应以结构或构件本身性能随时间的变化规律为依据。

1. 单因素研究向多因素研究转化

单一因素引起混凝土的损伤破坏，并不符合工程所处的真实环境和客观实际，混凝土在使用过程中往往承受更多破坏因素的共同作用，这对混凝土的损伤产生了更为复杂的叠加效应。吴中伟院士也指出目前的钢筋混凝土耐久性研究大多只考虑单一因素与不结合现场而犯了不少错误。

2. 无应力研究向有应力状态研究转化

正常使用状态下，混凝土结构处于应力状态，受拉区容易形成一些裂缝、微裂缝，裂缝的产生会增加腐蚀介质、水分、氧气等向混凝土内的扩散，从而加速混凝土钢筋的腐蚀。且一定应力状态下钢筋，甚至混凝土会产生应力腐蚀，从而加速腐蚀速度，前文对这有了较为详细的解说。对有应力状态下的混凝土结构耐久性研究更接近实际工程，所得的数据更加可靠。

3.试验方法

目前很多实验室进行的加速腐蚀试验方法缺乏一定的科学性，方法的不科学必然导致试验数据的可靠性降低。中国矿业大学较早地在国内提出了人工气候环境加速腐蚀的试验方法，并且浙江大学也已经构建人工气候室。"人工气候环境法"是通过人工方法模拟自然大气环境（日光、雨淋、二氧化碳、盐雾等），同时加强某种因素或多种因素的作用来加速钢筋混凝土试件的腐蚀破坏的方法。此种方法可以用来模拟普通自然大气环境、恶劣工业大气环境、海洋大气环境等对混凝土结构劣化的作用。国外在电子、国防、航天以及建筑行业等已制定了综合环境实验规范并建立了相应的实验室，用以模拟产品在严酷环境条件下的使用性能和可靠性能。国内在国防、电子、化工等行业也陆续开始建立了综合环境实验室，并制定了一些相应的标准进行相应产品的抗老化性能实验。但是在建筑行业，尚缺乏能够进行建筑材料与结构耐久性实验的大型综合环境实验室和相应的测试标准。

4.更多地加入环境因素

我国国土辽阔，南北、东西方向气候差异都很大，且海岸线长。对不同的气候环境下混凝土退化机理和速度都是不同的。盲目的研究将很难将研究成果应用到实际工程中。模拟环境加速腐蚀来研究混凝土结构耐久性，其与真实环境的相关性的建立也需要大力发展。

5.普通混凝土研究向高性能混凝土转化

混凝土在结构中既起到力学作用又有保护钢筋阻止外界环境的侵蚀的作用。高性能混凝土这种新型混凝土是在 20 世纪 90 年代初才提出的。不同国家、不同学者根据根据各自的认识、实践、应用范围和目的要求等，对其有不同的定义。美国国家标准与技术研究所和美国混凝土协会 1990 年在马里兰州召开的讨论会上指出：高性能混凝土是具有某些特性要求的匀质混凝土，必须采用严格的施工工艺，采用优质材料配制，便于浇捣，不离析，力学性能稳定，早期强度高，具有韧性和体积稳定性等性能的耐久的混凝土，特别适用于高层建筑、桥梁以及暴露在严酷环境中的建筑结构。法国的 Malier 认为：高性能混凝土的特点在于有良好的工作性、高的强度和早期强度、工作经济性高和高的耐久性，特别适用于桥梁、港工、核反应堆以及高速公路等重要的混凝土结构中。我国的吴中伟院士以及清华大学的廉慧珍教授给高性能混凝土的定义为：高性能混凝土是一种新型高技术混凝土，是在大幅度提高普通混凝土性能的基础上，采用现代混凝土技术，选用优质材料，在严格质量管理条件下制成的；除了水泥、水、骨料外，必须掺加足够数量的掺合料和高效外加剂，且水胶比较低；针对不同性能要求，对混凝土下列性能有重点地予以保证：耐久性、工作性、适用性、强度、体积稳定性及经济性，但应以耐久性作为设计的主要指标。此外，还有好多国家学者对其作了不同的定义，但大家公认高性能混凝土应具有高耐久性。因此混凝土耐久性的研究必须要牵涉到高性能混凝土中去。并且，由于混凝土材料和钢筋不同，混凝土材料为混合材料；由不同材料物理化学生成而成，原材料的性能对混凝土材料性能有很大的影响，所以在对混凝土耐久性研究的过程中原材料的研究也很重要。

1.4 沿海地区海砂混凝土结构耐久性研究中存在的问题

沿海地区混凝土结构有其特殊的暴露环境，长期受氯离子侵蚀。我国的海岸线长，且大规模的基本建设多集中在沿海地区，氯离子引起钢筋锈蚀破坏是十分突出的，且给国民经济带来了巨大的损失。另外，海砂中含有相当数量的氯离子，其在沿海地区的大量使用，无疑给本来就深受耐久性问题困扰的沿海地区混凝土结构带来更加严峻的考验。国外的工程经验教训表明，海砂中的氯离子与海水、海风和海雾中的氯离子的交互作用将加速沿海地区钢筋混凝土结构的劣化。目前已有学者对沿海、近海地区的海砂混凝土结构进行了一定的研究，但还存在一定的问题：

1. 目前在实验室进行的研究偏重于单一腐蚀因素破坏的研究，而实际工程中往往是多腐蚀因素共同作用，比如，沿海地区使用海砂的混凝土受内掺和外侵双重腐蚀作用。因此，只对单因素的研究不能全面而客观地反映实际工程。且不同部位的构件所处界面环境差异较大，如对于桥梁而言，桥桩处于土壤和水中，桥墩受海水涨潮落潮的干湿循环作用，而上部结构长期受海风盐雾的侵蚀，对此应进行专门的调查研究。

2. 随着掺合料混凝土的推广普及，尤其在恶劣的环境下，研究对象应向高性能化的掺合料混凝土转化。比如，粉煤灰在混凝土中可发挥形态效应、活性效应、微集料效应、减小集料与水泥石间过渡区宽度；超细粉提高混凝土密实性、优化孔结构等；高效减水剂降低需水量、降低水灰比、提高混凝土密实度强度等。因此，在特定环境，使用特定原材料的混凝土需要进行专门研究。

3. 大量的研究偏于腐蚀机理研究，缺乏一定的针对性。混凝土结构不但所处环境有差异，而且所选用的选材料、构件形式、正常使用状态下所处的力学状态等也有很大的差异，如，柱子主要是压应力状态，而梁则有受拉区，以及预应力在混凝土结构受腐蚀过程中的损失导致预应力构件耐久性能的退化等。单一的研究是不够的，应该具体到不同结构部位的耐久性研究。

4. 海砂混凝土结构的设计标准、施工管理情况以及投入使用后合理的、定期的维护和监测对其保持良好的使用状态，延长耐久性能有至关重要的作用。后期维护的不当对混凝土耐久性会有一定的影响，因此建立重大混凝土结构的监测机制，完善混凝土结构检测评定、寿命预测体系以及加强后期的维护十分必要，这方面也有待进一步的研究。

1.5 本书的研究内容及技术路线

1.5.1 研究内容

沿海地区的海砂混凝土结构处于严酷的自然环境中，其生命周期内的耐久性问题相当突出，需要进行专题研究。本书主要以优选原材料、优化混凝土配合比、掺加矿物掺合料等技术，以改善硬化后海砂混凝土的微结构，降低有害物质在混凝土中的扩散，最终达到普通强度海砂混凝土的高性能化。另外本书还综合考虑各方面因素及现有试验条件对高性能化的海砂混凝土简支梁的耐久性及混凝土表面防腐技术展开进一步的研究。

本书的主要研究内容如下：

1. 对海砂掺合料混凝土的结构破坏原因和破坏机理进行分析研究。

2. 对海砂混凝土所选原材进行实验研究。

3. 对海砂掺合料混凝土进行正交试验，分析不同砂的种类、水胶比、养护时间、掺合料掺量等对混凝土工作、力学及耐久性的影响，并根据试验数据给出氯离子扩散系数关于水胶比、养护时间和掺合料掺量的经验公式。

4. 对海砂掺合料混凝土简支梁进行耐久性研究，考虑不同环境、不同混凝土配方以及应力状态因素的影响。

5. 针对当前混凝土结构表面防腐既有技术，创新设计 4 种有机复合涂层防护体系，通过对比这 4 种防护体系在不同涂层厚度以及和硅烷浸渍处理配合使用时的抗氯离子渗透性，来评价 4 种体系的防护效果，并优选出最佳方案。

6. 针对优选方案，通过结合实验、拉伸强度实验、盐雾老化实验和耐盐性实验等评价涂层的综合性能。

研究目标：主要是根据试验结果判断各影响因素及水平对高性能化海砂混凝土工作、力学、耐久性指标的影响；拟合出高性能化海砂掺合料混凝土氯离子扩散系数随水胶比、掺合料掺量和养护时间变化的经验公式；通过实验，得出环境、配方以及应力状态等因素对高性能化海砂混凝土强度、渗透性以及简支梁耐久性能退化的影响，找出各因素间的相关性；针对海洋环境下的海砂混凝土结构提出其表面防腐的最优方案，为提升沿海地区海砂混凝土结构耐久性提供有价值的参考。

1.5.2　技术路线

针对上述主要研究内容，采用理论分析与试验研究相结合的方法。具体技术路线如下：

1. 对海砂混凝土原材料的各项性能指标进行试验，并根据试验结果进行优选分析，为进一步的试验研究奠定前提和基础。

2. 利用坍落度、立方体抗压强度以及氯离子扩散系数作为评价指标，综合分析不同因素水平下高性能化海砂混凝土的工作、力学以及耐久性能。

3. 对试验数据进行数学回归分析，拟合出氯离子扩散系数关于各个显著性因素的方程，为今后海砂混凝土的耐久性设计提供一定的参考依据。

4. 在海砂混凝土材料性能的研究基础上，以材料耐久性指标作为主要的参考标准，设计不同配方，在不同腐蚀环境作用下的海砂混凝土简支梁长期耐久性试验。跟踪过程中环境的变化、裂缝的开展、梁上荷载及跨中挠度的变化等，并最终进行抗弯承载力试验，分析不同环境、不同配方对海砂混凝土梁的承载能力、延性等力学性能和耐久性能的影响。

5. 待钢筋混凝土梁的力学试验结束后，钻取芯样，进行渗透性试验，综合分析配方、环境因素对混凝土渗透性的影响。

6. 设计不同的有机复合涂层体系，测定其在模拟潮差区环境条件下的抗氯离子渗透性能，对比各体系的防护效果。

7. 将有机复合涂层体系与硅烷浸渍处理相结合，测定其在模拟潮差区环境条件下的抗氯离子渗透性能，对比其防护效果。并根据对比数据分析，优选出防护性能最好的涂层体系。

8. 通过结合力实验、拉伸强度实验、盐雾老化实验和耐盐性实验，评价涂层的综合防护性能。

第2章

海砂钢筋混凝土所选原材料试验与性能分析

混凝土是一种由多种组分组成的复合建筑材料，其组成材料的品种及性能必然对混凝土结构的性能有着重要的影响。对于沿海地区使用海砂的混凝土结构，原材料的选取往往对混凝土结构能否具有良好的力学及耐久性能至关重要。因此原材料的试验研究是对混凝土结构进行研究的前提和基础，进行原材料的试验是为了能够更加准确和细致的分析混凝土材料的性能，进而研究混凝土结构的性能。本章将就海砂混凝土所选原材料：水泥、粗骨料、细骨料（包括海砂、淡化海砂以及河砂）、活性掺合料、外加剂以及试验梁中所选用的钢筋开展一定的分析研究。

2.1 水泥

水泥是配置混凝土最重要的原材料之一，水泥与粉煤灰、矿粉等其他胶凝材料以及水混合后经过物理化学反应由可塑性的浆体变成坚硬的水泥石，并能将散粒状材料胶结成整体。水泥作为一种矿物胶凝材料，其种类的选择对于混凝土的配置是十分重要的。

我国建筑工程中常用的水泥主要有硅酸盐水泥、普通硅酸盐水泥、矿渣硅酸盐水泥、火山灰质硅酸盐水泥以及粉煤灰硅酸盐水泥五种。需要提起注意的是后三种水泥都含有较高比例的细掺料，但是，它们和用普通硅酸盐水泥掺入细掺合料配置的混凝土不能等同。这是由于一般掺合料比水泥熟料难磨，如果将这三种水泥中掺合料磨细至要求的细度，那么水泥矿物熟料就会过细，这将导致所配的混凝土用水量较普通硅酸盐水泥多，而不能将水灰比控制在较低的水平。如果按照正常的水泥细度来磨粉，则矿渣、粉煤灰等掺合料的颗粒就会过粗，因而造成其活性难以发挥。为避免这一矛盾，本书采用普通硅酸盐水泥加入矿粉、粉煤灰等掺合料的方法，而不是直接选用矿渣、粉煤灰水泥。此外，为得到具有良好工作性能的高耐久性混凝土，通常采用较高强度等级的水泥，这是目前配置高性能混凝土的趋势。

因此，本试验选用了徐州巨龙水泥厂生产的 42.5 级普通硅酸盐水泥，密度为 $3.18g/cm^3$，比表面积为 $350m^2/kg$。表 2-1、表 2-2 是试验所用水泥的化学及技术性能的检测结果。

根据《通用硅酸盐水泥》GB 175—2007 规定，水泥中 MgO、SO₃ 的含量符合要求；烧失量符合国家标准小于等于 5.0％要求；碱含量符合国家标准大于等于 0.60 要求。从水泥性能指标来看，水泥安定性合格，3d、28d 的抗压强度、抗折强度均满足要求。

普通硅酸盐水泥化学成分分析   表 2-1

化学成分	SiO_2	Al_2O_3	Fe_2O_3	CaO	MgO	SO_3	碱含量	烧失量
42.5R	21.46	5.81	3.85	57.63	3.35	2.37	0.75	4.31％

普通硅酸盐水泥性能指标   表 2-2

强度等级	细度（％）	标准稠度用水量（％）	凝结时间（分钟）		安定性	胶砂抗压强度（MPa）		胶砂抗折强度（MPa）	
			初凝	终凝		3d	28d	3d	28d
42.5R	0.7	28.4％	110	170	合格	34.25	66.24	5.87	8.22

试验方法：水泥标准稠度用水量、凝结时间、安定性检测见 GB/T 1346—2011；水泥胶砂强度检测见 GB/T 17671—1999；水泥细度检测见 GB 1345—2005。水泥化学成分分析等由厂家提供。

试验仪器：水泥稠凝测定仪、NJ-160A 水泥净浆搅拌机、雷氏夹、LD-50 雷氏夹测定仪、水泥胶砂强度试验机、ZS-15 型水泥胶砂振实台、JJ-5 水泥胶砂搅拌机、SBY-40B 型水泥混凝土标准养护箱、FYS-150B 负压筛析仪、电子天平等。

2.2 骨料

粗、细骨料在混凝土中所占的体积约为 70％～80％。由于骨料不参与水泥复杂的水化，因此，过去通常将其视为一种惰性填充材料。随着混凝土技术的不断深入研究与发展，混凝土材料与工程界越来越意识到骨料对混凝土的许多重要性能如强度、体积稳定性以及耐久性等都会产生相当的影响，甚至起着决定性的作用。[77] 美国混凝土材料专家 P. K. Mehta 教授曾指出："将骨料作为一种惰性填充材料这种传统的见解，确实应该被打上一个问号。如果不像对待水泥那样来重视骨料，显然是不合适的。"

由于骨料在混凝土中占有极大的组分含量，因此，其性质必然对混凝土的性能有较大的影响。现分别从工作性能、力学性能以及耐久性能的角度出发，分析骨料对混凝土可能产生的影响。

1. 骨料性质对新拌混凝土工作性的影响

新拌混凝土的工作性的优劣，取决于是否有足够的水泥浆包裹骨料的表面，以提供润滑作用，减少搅拌、运输与浇筑时骨料颗粒间的摩擦阻力，使新拌混凝土能保持均匀并不产生分层离析。因此，就新拌混凝土而言，理想的骨料应是表面比较光滑，颗粒外形近于球形的。海砂以及砾石均属于此种理想的材料，而碎石、颗粒外形近似立方体以及扁平、细长的粗骨料，由于其表面结构粗糙或由于其面积/体积比值较大，而需要增加包裹骨料表面的水泥浆量。

骨料的粒径分布或颗粒级配，对混凝土所需的水泥浆量也有重大影响。为得到良好的混凝土工作性，水泥浆量不仅需要包裹骨料颗粒的表面，还需填充骨料间的空隙。当粗、细骨料颗粒级配适当时，粗骨料或大颗粒骨料之间的空隙可由细骨料或小颗粒骨料填充，从而可减少混凝土所需的水泥浆量。因此，在混凝土配合比设计中，对细骨料的细度模数、级配与砂率都提出了要求。

需要指出的是细骨料的颗粒形状和表面结构仅仅影响混凝土的工作性，而粗骨料的表面结构不仅影响工作性，还由于与机械咬合力有关，从而影响硬化混凝土的力学性能。

2. 骨料对硬化混凝土力学性能的影响

影响硬化混凝土力学性能的主要因素在粗骨料，而粗骨料的织构对硬化混凝土力学性能的影响，恰恰与对新拌混凝土工作性的影响相反。粗糙的骨料表面，可以改善和增大粗骨料与水泥浆体的机械黏结力而有利于混凝土强度的提高。因此，在考虑粗骨料织构对混凝土性能的影响时，要全面衡量，根据工程的结构和施工做出权衡。

研究人员通过大量实验研究，得出了粗骨料三种不同特性对混凝土抗压强度与抗弯强度的影响百分数，见表 2-3[78]。

粗骨料三种不同特性对混凝土强度的影响 　　　　　　表 2-3

混凝土性能	骨料性能的相对影响百分数		
	形状	表面结构	弹性模量
抗弯强度	31	26	43
抗压强度	22	44	34

此外，对硬化混凝土力学性能有较大影响的还有骨料中的有害杂质，主要有以下两类：

1）有机杂质

这种杂质通常是植物的腐烂物质，主要是鞣酸和它衍生物，以腐殖土或有机壤土出现，通常存在于细骨料中。这种有机杂质会妨碍水泥的水化反应。该杂质可以通过化学比色来测定其有机物的含量。

2）黏土或其他细粉料

在骨料中含有的黏土或其他细粉料往往覆盖或聚集于骨料的表面，会削弱骨料与水泥浆体之间的黏结力而降低混凝土的力学性能。因此，在配置混凝土时，必须严格遵守相关规范的规定。

3.骨料对混凝土耐久性的影响

由于骨料在混凝土中所占的体积含量很大，因此，骨料的耐久性也必然影响混凝土的耐久性。骨料的耐久性通常分为物理耐久性与化学耐久性两个类别。

物理耐久性主要表现在体积稳定性和耐磨性。骨料的体积随着环境的改变而产生变化，导致了混凝土的损坏，称之为骨料的不稳定性。骨料体积稳定性的根本问题是抗冻融循环。粗骨料对冻融循环与混凝土一样敏感。骨料的抗冻融循环的能力取决于骨料内部孔隙中水分冻结后引起体积增大时，是否产生较大的内应力，而内应力的大小与骨料内部孔隙连贯性、渗透性、饱水程度和骨料的粒径有关。

混凝土在遭受磨耗及磨损时，骨料必然起着主要的作用。因此，有耐磨性要求的混凝土工程，必须使用坚硬、致密和高强的优良骨料。

骨料的化学耐久性，最常见也是最主要的是碱-骨料反应。除碱-骨料反应外，骨料有时也会对混凝土引起一些其他类型的化学危害。例如，不经淡化处理的海砂中含有大量的氯离子，使用到混凝土中会引起钢筋锈蚀，从而导致混凝土锈胀破坏等。

综上所述，骨料的孔隙率、吸水率、弹模、压碎强度、粒形、颗粒级配等都对混凝土的结构和性能有十分重要的影响。好的粒形、优良的连续级配等对减小骨料的空隙率，提高混凝土的密实性，抵抗外界环境中腐蚀介质的侵入有很大的帮助。

2.2.1 粗骨料——碎石

根据建筑用卵石、碎石的国家标准，其技术指标主要包括：颗粒级配、含泥量、泥块含量、针片状颗粒含量、压碎指标以及表观密度等。

颗粒级配，是指不同粒径颗粒的分布情况。良好的级配可使骨料的空隙率和总表面积均较小，从而不仅使所需水泥浆量较少，而且可以提高混凝土的密实度、强度及其他性能。含泥量指骨料中粒径小于 0.08mm 颗粒的含量，微小的泥颗粒会黏附在骨料表面，如含量过大会影响水泥石与骨料之间的胶结能力。泥块在混凝土中则会形成薄弱部分，对混凝土的质量影响更大，其含量需要严加限制。石子中的针状颗粒是指长度大于该颗粒所属粒级平均粒径的 2.4 倍者，片状颗粒是指厚度小于平均粒径 0.4 倍者，针片状颗粒的存在不仅在混凝土受力时易折断，而且会增加骨料间的空隙，从而影响强度及耐久性能。碎石的强度可用压碎指标来表示。

本试验所用粗骨料由两种粒级 5～10mm 和 10～31.5mm 的石子混合配制而成。对粗骨料的调整本试验采用了最大堆积密度法，以使其空隙率达到可能的最低值。经过计算和试验比较得出按质量比 60：40 堆积密度最大，按这种比例掺配要优于其他比例掺配。两种粒级的石子物理性能测试结果见表 2-4，颗粒级配结果见表 2-5。

由上述表格列出的数据可知，碎石的各项技术指标均满足国家标准的要求。

碎石物理性能测试结果　　　　表 2-4

粒径 (mm)	表观密度 (kg/m³)	密度(kg/m³)		空隙率(%)		吸水率 (%)	含泥量 (%)	泥块含量 (%)	针片含量 (%)	压碎指标 (%)
		堆积	紧密	堆积	紧密					
10～31.5	2750	1360	1475	51	46	0.10	0.6	0.3	4.3	7.0
5～10	2580	1390	1560	46	40	0.10	0.4	0.2	3.4	/

碎石颗粒级配结果　　　　表 2-5

级配情况	公称粒级 (mm)	累计筛余、按重量计(%)							
		筛孔尺寸(方孔筛)(mm)							
		2.36	4.75	9.50	16.0	19.0	26.5	31.5	37.5
单粒级	5～10	99.5	99.3	68	11	2.3	/	/	/
单粒级	10～31.5	96.8	95.3	90.8	84.3	68.8	31.6	4.1	/
连续级	5～31.5	99.4	99.3	84.9	44	32.9	4.5	1.1	/

试验方法：《建筑用卵石、碎石》GB/T 14685—2011。

试验仪器：方孔筛、摇筛机、搪瓷盘、毛刷、鼓风烘箱、天平、台秤、试剂、针片状仪、量筒、垫棒、压力试验机、受压钢模等。

2.2.2　细骨料——砂

本书研究的是海砂混凝土，因此作为细骨料使用的海砂以及淡化海砂的原材料试验就显得尤为重要。与普通河砂不同，海砂的技术指标除了常规的颗粒级配、含泥量、泥块含量等之外，还包括氯离子含量以及贝壳含量。其中海砂中的氯离子主要来自海水，海水中除含有氯离子以外还含有硫酸根离子等，但由于其含量仅为氯离子的十分之一左右或者更少，对钢筋及混凝土无明显的作用，故本书对海砂中硫酸根等离子的含量予以忽略，研究重点放在氯离子造成的危害上，须对氯离子含量进行严格的测定，以确保试验数据的准确可靠。

1．海砂中氯离子含量的测试方法

1）试验仪器设备和试剂

天平：称量2000g，感量2g；带塞磨口瓶：1L；三角瓶：300mL；滴定管：10mL或25mL；容量瓶：500mL；移液管50mL，2mL；5%（W/V）铬酸钾指示剂溶液；0.01mol/L氯化钠标准溶液；0.01mol/L硝酸银标准溶液。

2）实验步骤

取海砂2kg先烘至恒重，经四分法缩至500g。装入带塞磨口瓶中，用容量瓶取500mL蒸馏水，注入磨口瓶内，加上塞子，摇动一次后，放置2h，然后每隔5min摇动一次，共摇动3次，使氯盐充分溶解。将磨口瓶上部已经澄清的溶液过滤，然后用移液管吸取50mL滤液，注入三角瓶中，再加入浓度为5%的铬酸钾指示剂1mL，用0.01mol/L硝酸银标准溶液滴定至呈现砖红色为终点，记录消耗的硝酸银标准溶液的毫升数（V_1）。

空白试验：用移液管准确吸取50mL蒸馏水到三角瓶中。加入5%铬酸钾指示剂。并用0.01mol/L硝酸银标准溶液滴定至呈现砖红色为止，记录此点消耗的硝酸银标准溶液的毫升数（V_2）。

海砂中氯离子含量按下式计算（精确至0.001%）：

$$\omega_{Cl} = \frac{C_{AgNO_3} (V_1 - V_2) \times 0.0355 \times 10}{m} \times 100\%$$

式中 C_{AgNO_3}——硝酸银标准溶液的浓度（mol/L）；

V_1——样品滴定时消耗的硝酸银标准溶液的体积（mL）；

V_2——空白试验时消耗的硝酸银标准溶液的体积（mL）；

m——试样的重量（g）。

此外海砂中不可避免地会含有一定量的贝壳，贝壳类的主要成分为$CaCO_3$，属轻物质范畴，是惰性材料，一般不会与水泥发生化学反应，但是这些轻物质往往呈薄片状，表面光滑，本身强度很低，且较易沿节理错裂，因而与水泥浆的黏结能力很差。通常，当贝壳类等轻物质含量较多时，会明显使混凝土的和易性变差，使混凝土的抗拉、抗压强度以及抗磨、抗渗透等性能均有所降低。因此，对贝壳含量也须严格测定并加以限制。

2．海砂中贝壳含量的测试方法

1）仪器设备和试剂

烘箱（温度能控制在105℃±5℃）；称量1000g，感量1g的天平；1000mL量筒；直径20cm左右的搪瓷盆；玻璃棒；1∶5盐酸溶液（用5份蒸馏水和1份浓盐酸配制而成，相对密度1.18，浓度36%～38%）。

2）试样制备

将试样在潮湿状态下按四分法缩分至约2400g，置于温度为105℃±5℃的烘箱中烘干至恒重，冷却至室温后称量（G），过 4.75mm 筛后，称筛上物重为 g_1，挑出其中的贝壳并称量 g_2。称取过筛后的试样 500g 两份，各放入搪瓷盆中备用。

3）试验步骤

取出盛有试样的搪瓷盆，分别加入 1∶5 盐酸溶液 900mL。试验时，不断用玻璃棒搅拌，使反应完全。待溶液中不再有气体产生后，再加少量上述盐酸溶液，若再无气体生成，表明反应已完全。否则，应重复上一步骤，直至无气体产生为止。然后进行五次清洗，清洗过程中要避免砂粒丢失。洗净后，置于温度为 105℃±5℃ 的烘箱中烘干至恒重，取出冷却到室温后，称量 g_3。

4）结果计算

海砂中贝壳含量 B 按下式计算（精确到 0.1%）：

$$B=\left(\frac{g_2}{G}+\frac{G-g_1}{G}\times\frac{500-g_3}{500}\right)\times100\%$$

式中　G——试样总质量（g）；

　　g_1——大于 5mm 的试样质量（g）；

　　g_2——大于 5mm 试样中贝壳质量（g）；

　　g_3——小于 5mm 的 500g 试样中去除贝壳后砂的质量（g）。

以两个试样试验结果的算术平均值作为测定值，两次结果的差值超过 0.5% 时，应重新取样进行试验。

本试验采用的海砂为连云港赣榆区砂厂提供的海砂及淡化海砂，普通河砂则就地选用。各种砂的颗粒级配结果见表 2-6，筛分析曲线见图 2-1，砂的各项物理性能检测结果见表 2-7。

由上述的分析结果可以看出，海砂的细度模数为 2.25，属中砂偏细，级配区域进入Ⅲ区。而淡化海砂的细度模数为 2.45，属中砂；河砂的细度模数为 2.77，属中砂，淡化海砂和河砂的级配区均为Ⅱ区。由此可见海砂经淡化处理后细度和级配曲线均得到了改善，与普通河砂非常接近，满足建筑用砂的级配要求。

砂的颗粒级配结果　　表 2-6

砂的种类	细度模数 Mx	累计筛余,按重量计(%)						规格评价
		筛孔尺寸(方孔筛)(mm)						
		0.15	0.30	0.60	1.18	2.36	4.75	
海砂	2.25	98.6	87.6	27.4	9.4	4.8	1.1	中砂偏细
淡化海砂	2.46	97	86	45	17.5	9.9	3.6	中砂
河砂	2.77	98.1	90.8	58.7	26.2	9.9	2.5	中砂

砂的检测结果   表 2-7

砂的种类	表观密度（kg/m³）	堆积密度（kg/m³）	含泥量（%）	泥块含量（%）	氯离子含量（%）	贝壳含量（%）	有机物
海砂	2640	1500	1.93	0.8	0.106	10	合格
淡化海砂	2610	1480	0.48	0.2	0.026	5	合格
河砂	2600	1460	2.84	1.17	/	/	合格

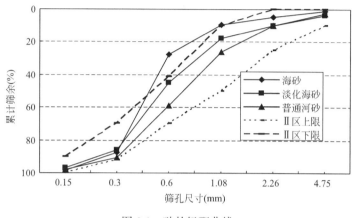

图 2-1　砂的级配曲线

由以上的分析检测结果可以看出，各类砂的常规技术指标，包括表观密度、堆积密度、含泥量、泥块含量以及有机物等均能满足建筑用砂的要求，而且海砂、淡化海砂的含泥量以及泥块含量显著低于普通河砂的指标，这也是海砂、淡化海砂的特点之一。但是，在氯离子含量以及贝壳含量这两项特别针对海砂的技术指标上，未经淡化的海砂超出了国家标准，经淡化处理后则基本满足建筑用砂要求。

试验方法：《建设用砂》GB/T 14684—2011 等。

试验仪器：方孔筛、摇筛机、容器、搪瓷盘、毛刷、鼓风烘箱、天平、台秤、试剂、移液管、量筒、粉磨钵、垫棒、压力试验机、受压钢模、硝酸银溶液以及指示剂等。

2.3　矿物掺合料

早期的矿物掺合料主要是为了节约水泥和替代水泥减小温升而应用到混凝土中的。随着混凝土技术的发展，人们日益认识到，使用矿物掺合料还可以改善混凝土拌合物的工作性能，以及硬化后混凝土的微结构和许多重要性能，并且可以节约能源、保护资源、减少环境污染[2]，可以说是一举多得。因此，矿物掺合料的使用受到了业界的广泛关注，很多对结构耐久性要求较高的重大工程，例如跨海大桥、海洋石油平台以及拦海大堤等，都尝试采用了掺入矿物掺合料的混凝土。

目前广泛使用的矿物掺合料主要包括粉煤灰、高炉矿渣、硅粉、天然火山灰等。其中硅粉对混凝土性能的改善和增强作用效果明显，但其产量有限，价格昂贵，而且硅粉的重度太低，使用时飞扬失散较严重。因此，硅粉的使用受到了经济和环保上的制约。粉煤灰和矿粉均属工业废料，目前产量巨大，且价格便宜，利于大掺量的推广应用。本书将以粉煤灰和矿粉混合构成的复合超细粉为矿物掺合料开展研究。

2.3.1　粉煤灰

粉煤灰也叫飞灰，由不同化学成分、不同矿物相、形态各异、大小不一的颗粒组成。粉煤灰在混凝土中具有三种不同的效应功能：活性效应、形态效应和微集料效应。其中形态效应和微集料效应是水泥颗粒所不具备的特性。形态效应反映在粉煤灰的矿物组成主要是海绵玻璃体和铝硅酸盐玻璃微珠，这些球形玻璃体表面光滑，粒度细、质地致密，比表面积小，在高效减水剂的共同作用下，能大大提高混凝土的流动性，改善新拌混凝土的工作性能。微集料效应表现在粉煤灰颗粒均匀地掺合分布到水泥颗粒之中，阻止了水泥颗粒的黏聚，有利于混合物的水化反应，相应地减少了用水量，改善了凝胶体的孔结构，提高了混凝土的密实度、抗渗性和强度。

同时，粉煤灰也具有火山灰效应。粉煤灰中含有大量的 SiO_2 和 Al_2O_3，能与水泥水化物中的 $Ca(OH)_2$ 进行二次水化反应，生成水化硅酸钙和水化铝酸钙凝胶，从而减少了液相中 CH 总量，并且使 CH 晶粒粒径下降，改善了混凝土水化产物的组成与结构，优化了界面过渡层的性能，达到提高混凝土抗渗透能力的目的。还应指出的是粉煤灰对氯离子也有很强的结合能力，这是由于粉煤灰颗粒具有空心结构和复杂的内比表面积，增加了粉煤灰对氯离子的吸附与反应场所，在粉煤灰球体表面或通过气孔在空腔内均可发生结合氯离子的反应。

如果粉煤灰应用于混凝土只是代替粗细集料，其品质要求可以降低，但如果粉煤灰用于混凝土取代的是水泥，且掺量较大并希望通过掺入的粉煤灰来改善混凝土的某些性能的时候，对粉煤灰品质的要求就相对严格了。因为这时粉煤灰是作为一种非常重要的成分加入的，特别是在混凝土质量控制水平比较低的情况下，必须严格控制粉煤灰的品质要求。根据《粉煤灰混凝土应用技术规范》GB/T 50146—2014 和《用于水泥和混凝土中的粉煤灰》GB/T 1596—2017，可将粉煤灰的品质分为三个等级，分别为Ⅰ、Ⅱ、Ⅲ级粉煤灰。一般说来，用于混凝土的粉煤灰品质可由以下几个指标来衡量：火山灰活性、细度、烧失量和需水量。

在综合考虑各种因素后，本试验采用了徐州茅村电厂生产的Ⅱ级粉煤灰，其化学成分分析见表2-8，其质量与性能指标见表2-8。

粉煤灰的化学成分　　　　　　　　　　表 2-8

化学成分	烧失量	SO_3	CaO	MgO	Fe_2O_3	Al_2O_3	TiO_2	SiO_2	K_2O	碱量
含量(%)	3.50	0.80	4.60	1.35	9.70	25.95	1.36	50.86	1.06	1.20

由上表的化学成分可见该粉煤灰的烧失量及 SO_3 含量均满足二级灰的标准。

2.3.2 矿粉

矿粉也称粒化高炉矿渣粉（GGBS），系采用生铁冶炼中排除的高温熔渣并经水淬处理后的粒化高炉矿渣，经干燥、粉磨等工艺处理后得到的具有规定细度及颗粒级配并满足相应活性指标要求的粉料。它含有大量的 CaO（35%～45%），并含有活性 SiO_2 和 Al_2O_3，它们本身没有独立的水硬性，但在 CaO、$CaSO_4$ 的作用下，其潜在的水硬性可以被激发出来，产生缓慢的水化作用，若在 Na_2O、K_2O 等碱金属化合物的激发下，会产生强烈的水化作用，形成坚硬的硬化体，这就是所谓的碱矿渣胶凝材料。矿粉和水泥一样是高性能混凝土必不可少的组分，其对高性混凝土耐久性的影响主要表现在以下几个方面：

1.干燥收缩

含磨细矿渣微粉的混凝土，自加水拌合后，水化反应较慢，在初期，从混凝土蒸发的水量比基准混凝土的大，干缩率与硬化收缩率的总和，比基准混凝土大。王昌义等人的试验结果[50] 表明引气和非引气的两种磨细矿渣混凝土在水中养护14d后，放入恒温干缩室发现两种混凝土均有补偿收缩的能力，它们在水中的湿胀率是普通混凝土的10倍和8倍，它们在空气中的干缩率降至普通引气混凝土的49%和57%。这就确保了矿渣混凝土的体积稳定性，避免产生收缩裂缝。

2.抗氯离子渗透

由于通常的抗渗强度等级都无法测试高强高性能混凝土的渗透性，其他渗透性方法又过于复杂，国内外现在都倾向于用氯离子扩散系数和电量来测试和评价混凝土的渗透性。分析矿渣对混凝土抗氯离子渗透能力的影响机理，发现矿渣微粉对混凝土的孔径分布、孔的几何形状的改善有很好的作用，掺入矿粉的混凝土水化时能产生较多的C-S-H凝胶，而C-S-H凝胶吸附一部分氯化物于其中，并可堵塞扩散通道，造成氯离子扩散系数下降。试验结果[50] 水胶比0.28不掺矿渣的混凝土氯离子扩散系数为 $10.02 \times 10^{-9} cm^2/s$，电量为1536C，而掺40%矿渣的混凝土氯离子扩散系数只有 $5.6 \times 10^{-9} cm^2/s$，电量也只有641 C，由此可见矿渣能显著改善混凝土的耐久性。

3.碱-集料反应

试验结果表明[50] 掺入矿渣粉对混凝土碱-集料反应抑制的效果比掺粉煤灰差，效果最好的是硅粉，矿渣掺量达到40%的膨胀率才能接近掺10%硅粉的混凝土的膨胀率。

本试验采用的矿粉为济南鲁新新型建材有限公司生产的"鲁新"牌粒化高炉矿渣粉，其各种技术指标如表2-9所示。

矿渣粉的技术指标 　　　　　　　　　　　　　　　　表2-9

密　度 （g/cm³）	比表面积 （m²/kg）	7天活性 指数（%）	28天活性 指数（%）	流动度比 （%）	含水量 （%）	SO₃ 含量 （%）	烧失量 （%）
2.9	438	80	100	100	0.5	0.36	0.26

根据国家标准《用于水泥、砂浆和混凝土中的粒化高炉矿渣》GB/T 18046—2017，由上表可以看出其各种技术指标满足使用要求。

2.3.3 复合超细粉

粉煤灰和矿粉在混凝土中使用有各自的优缺点。相对而言，掺入粉煤灰时，混凝土的早期强度降低，但后期及长期强度发展良好，同时，削减温峰效应好，尤其适用于大体积混凝土的施工，抑制碱-骨料反应能力强，掺量增大时，材料的碱度储备可能不足，抗碳化性能可能降低。掺入矿粉时，其早期强度发展较好，但后期强度增长不如粉煤灰，矿粉的氧化钙含量很高，大掺量可以达到50%~70%，且不会导致强度的急剧下降和碱度的大幅减少。所以，在混凝土中同时掺用粉煤灰和矿粉这两种矿物掺合料，扬长避短，按一定的比例配制成复合超细粉，充分发挥组分的超叠加效应，比单掺粉煤灰或单掺矿粉具有更好的效果。

1.复合增强机理[79]

混凝土中的水泥水化时产生相当数量的氢氧化钙晶体，由于氢氧化钙具有可溶性，在硬化混凝土中氢氧化钙的分布是极不均匀的，从骨料与胶凝材料之间的界面看，在界面的过渡层的一定区域内氢氧化钙富集并定向排列，与其他部分的水泥石相比，是一种多孔的结构，强度很低。矿粉和粉煤灰的复合超细粉混凝土中，矿粉和粉煤灰的潜在火山灰性得发挥，可与混凝土中氢氧化钙反应，生成对强度有贡献的水化硅酸钙凝胶。同时，形成致密的结构，使混凝土强度和抗渗性大幅提高，从而使混凝土耐久性大大提高。

2.改善水泥浆流变性能的作用机理

复合超细粉体能改善水泥浆的流变性能，其主要作用机理是形态效应和填充分散作用：

1) 形态效应：复合超细粉填充在水泥粒子之间，由于其表面光滑，降低了粒子之间的摩擦。

2) 填充分散作用：玻璃态材料填充于水泥粒子之间，使水泥颗粒的絮状结构和颗粒扩散使内部结构降低黏度，同时原来的絮状结构中的水被释放出来，使浆液进一步稀化。另外，玻璃态复合材料填充于水泥颗粒之间，使浆液的体积增大，因而显著增加了润滑作用，改善了流变性。

粉煤灰球形度很好，具有良好的形态效应。矿粉球形度稍差于粉煤灰，但优于水泥颗粒，复合矿渣微粉代替部分水泥掺入混凝土中，除了其形态效应外，早期与水反应较慢，可减少这部分水化反应水，而且矿渣微粉填充于水泥颗粒之间，亦减少了颗粒空隙用水，因而可提高拌合物的流动性。由于矿粉表面致密光滑，不容易吸附水分子，在浆体中容易产生光滑的滑动面，从而改善其流动性。但易引起泌水性增加，而粉煤灰则不易引起泌水，因而两种材料复合使用能使泌水、离析现象得到改善，是性能上的优势互补。

2.4 水

混凝土拌合水是在混凝土制造时，加入其中，赋予混凝土的流动性，和水泥发生水化反应，使混凝土凝结、硬化及满足其强度发展。拌合用水对掺合料的性能以及混凝土的凝结、硬化、体积变化、强度发展以及工作度等方面的性能给予很大的影响，水中不要含有对混凝土中的钢筋产生有害影响的物质。混凝土用水的基本质量要求是：不影响混凝土的凝结和硬化；无损于混凝土强度发展及耐久性；不加快钢筋锈蚀；不引起预应力钢筋脆断；不污染混凝土表面。《混凝土用水标准》JGJ 63—2006 规定的混凝土用水中的物质含量限值见表 2-10。

混凝土用水中的物质含量限值 表 2-10

项目	预应力混凝土	钢筋混凝土	素混凝土
pH 值	>4	>4	>4
不溶物(mg/L)	<2000	<2000	<5000
可溶物(mg/L)	<2000	<5000	<10000
氯离子(以 Cl⁻ 计)(mg/L)	<500	<1200	<3500
硫酸盐(以 SO_4^{2-} 计)(mg/L)	<600	<2700	<2700
硫化物(以 S^{2-} 计)(mg/L)	<100	/	/

饮用水和清洁的天然水都可以用来拌制和养护混凝土，海水中含有大量氯盐，不可以拌制混凝土。本试验中除化学分析试验和混凝土氯离子渗透系数试验

采用蒸馏水外，其他用水皆为结构试验室自来水。

2.5　钢筋

钢筋的受拉性能是最重要的技术性质，特别是在结构中的受拉钢筋。通常可以通过拉力试验测得屈服应力、抗拉强度及延伸率来评定钢筋性能。一般低碳钢受拉可以分为四个阶段：弹性阶段、屈服阶段、强化阶段和颈缩阶段。

试验中共用两种钢筋：主筋为 HRB335，螺纹，直径 12cm；架立筋及箍筋为 HPB300，光圆，直径 6.5cm。钢材拉伸时塑性变形在试件标距（$5d$ 或者 $10d$）内的分布是不均匀的，颈缩处的伸长较大，所以原始标距与直径之比越大，颈缩处的伸长值在总伸长值中所占比例就越小，则计算所得伸长率 δ 也越小。δ 是衡量材料塑性的重要指标，δ 越大，说明材料的塑性越好。本试验对主筋做了抗拉试验，标距取为 $5d$（60mm）。

试验步骤如下：

1）按规范要求制作钢筋拉伸试验试件。

2）调整试验机测力盘指针，将试件固定在试验机夹头内，开动试验机进行拉伸，屈服前的应力增加速率按规范要求，并保持试验机控制器固定于这一速率位置上。拉伸中，测力度盘的指针停止转动时的恒定荷载，或第一次回转时的最小荷载，即为所求的屈服点荷载 F_s。按下式计算试件的屈服点：

$$\sigma_s = \frac{F_s}{A} \tag{2-1}$$

式中　σ_s——屈服点（MPa）；

　　F_s——屈服点荷载（N）；

　　A——试件的公称横截面积（mm^2）。

3）向试件连续施荷直至拉断，由测力度盘读出最大荷载 F_b。按下式计算试件的抗拉强度：

$$\sigma_b = \frac{F_b}{A} \tag{2-2}$$

式中　σ_b——抗拉强度（MPa）；

　　F_b——最大荷载（N）；

　　A——试件的公称横截面积（mm^2）。

4）将拉断试件的两端在断裂处对齐，轴线位于一条直线上。按下式计算拉伸率：

$$\delta = \frac{L_1 - L_0}{L_0} \times 100\% \tag{2-3}$$

式中　δ——钢筋伸长率；

　　L_0——原标距长度；

　　L_1——试件拉断后标距部分的长度。

试验结果如表 2-11 所示。

规范要求 HRB335 级钢筋的屈服点、极限强度和伸长率分别为：335MPa、490MPa、16%。可见试验用钢筋满足规范要求。

钢筋抗拉试验如图 2-2、图 2-3 所示。

钢筋抗拉性能 表 2-11

标距 (mm)	屈服点 (kN)	屈服强度 (MPa)	极限点 (kN)	极限强度 (MPa)	伸长率 (%)
60	41.5	367	57.5	508	31.3
60	41.0	363	57.0	504	34.3

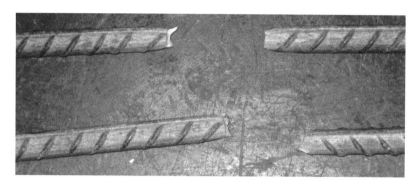

图 2-2　钢筋拉断图

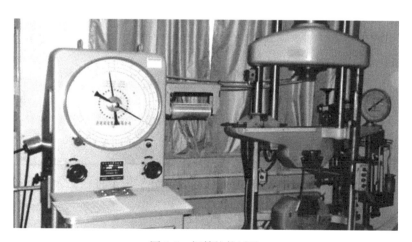

图 2-3　钢筋抗拉试验

2.6　本章小结

通过本章的研究可以得出以下结论：

1. 为使沿海地区的海砂混凝土高性能化，在配制过程中宜掺入一定量的矿物掺合料，且应选用普通硅酸水泥，实验用水泥的基本性能指标应满足国标要求。

2. 考虑到混凝土中骨料占很大的比例，且对混凝土的工作、力学、耐久性能均有不同程度的影响，故应按照国家标准进行优选。

3. 海砂中含有大量的氯离子，为确保混凝土的耐久性能，必须进行淡化处理后方可使用。

4. 经过淡化处理后的海砂，包括颗粒级配及氯化物含量在内的各项指标均满足建筑用砂的要求。

5. 粉煤灰和矿粉为广泛使用的活性矿物掺合料，在选用时应注意其各项性能指标均应满足标准的规定，否则将直接影响到活性的发挥。

6. 粉煤灰和矿粉可按一定的比例优化组合形成复合超细粉，以充分发挥其超叠加效应，其效果通常优于单掺粉煤灰或矿粉。

7. 为保证试验的可靠性，试验用水以及试验用钢筋的性能指标均应符合规范的相关要求。

第3章

海砂混凝土材料的基本工作、力学及耐久性能试验研究

通过前一章原材料的试验研究我们可以发现，海砂虽经淡化处理，但仍不可避免地会含有一定量的氯离子以及贝壳等成分，而未经淡化处理的海砂，其颗粒级配甚至都不能满足建筑用砂规范中的要求。所以掺入海砂或淡化海砂作为细骨料的混凝土，其工作、力学以及耐久性的相关指标势必与普通混凝土有所不同。本章的研究目的就是先从掺海砂混凝土材料层次入手，探求其工作、力学以及抗氯离子渗透性等方面的差别，找出规律，为后继章节对高性能化海砂混凝土材料及构件的研究打下基础。

3.1 试验方案设计

3.1.1 正交设计法

正交试验设计是用于多因素试验的一种方法，它是从全面试验中挑选出部分有代表性的点进行试验，这些代表点在优选区的均匀分布，在数学上叫正交，这就是正交试验中"正交"二字的由来。它是一种效率很高的部分因子设计。

试验指标：试验中用来衡量试验效果的叫做试验指标，可以用数量表示的叫做定量指标，不能用数量表示的叫做定性指标。本试验所研究的内容分别是海砂混凝土的工作性能、力学性能以及耐久性能，取定衡量各性能的指标均为定量指标。

因素：通常在混凝土试验中，水灰比、单方用水量、骨料的类型、养护的时间等条件都对试验指标有影响，通常称这些为因素。试验中可以认为加以调节和控制的因素叫可控因素；另一类不能人为调节的因素叫不可控因素。正交试验法在设计试验方案时，一般只适用于可控因素。本试验中的因素均为可控因素。

水平：因素在试验中发生变化将引起指标的变化。每个因素在试验中要比较的具体条件叫做因素的水平。

一项研究中考 s 个因素，根据需要分别取了 q_1，……，q_s 个水平，则全部的水平组合共有 $N = q_1$，……，q_s 个。当 s 及 q_1，……，q_s 都不是很大时，有可能对所有 N 个水平组合都作同样次数的试验，这种方法称为全面试验。当试验因素较多且每个因素的水平较多时，全面试验要求的试验太多。比如，本试验考虑四个因素，每个因素取四个水平，按全面设计至少需要做 $4^4 = 256$ 次试验。当全面试验要求太多的试验时，一个自然的想法是从全面试验的水平组合中，选出一部分有代表的试验点（水平组合）做试验。它要求任一因素的诸水平做相同数目的试验，并且任两个因素的水平组合做相同数目的试验。正交试验是在概率论和数理统计的基础上发展的一种应用数学方法。

正交试验法的特点：①能安排少量试验，可以得到较好的试验结果和分析出较为正确的结论；②是以实践经验为基础的试验方法。通过对试验数据的简单分析，在复杂的影响因素中，找出各因素作用的主次顺序，容易找出主要影响因素；③对进一步试验研究提供方向。所以，正交试验法是一种科学地安排与分析多因素试验的方法。

当然无论采用何种试验方法，试验的安排首先必须确定参数的种类和变化范围，然后才能根据合理的方法排布试验的数量和次序。

3.1.2　试验参数的选取

1.影响因素

水胶比：无论什么种类的混凝土，水胶比始终是影响混凝土性能最重要的因素之一。由于普通混凝土的水胶比通常在 0.4 以上，另外本试验采用的水泥为 42.5 级，属较高强度等级的水泥，且考虑到工作性及造价等问题，水胶比不宜过低。所以本研究选用的水胶比的范围取在 0.45～0.60 之间。

细骨料的种类：本书的研究重点是混凝土中掺入海砂造成的影响，故细骨料的种类被列为研究的因素之一。本试验的细骨料分为海砂、淡化海砂、普通河砂三种。为更细致地研究细骨料种类对混凝土材料性能造成的影响，本研究采用了海砂、海砂河砂各占一半、淡化海砂、河砂四个水平。

养护时间：养护时间是影响混凝土各项性能指标的重要因素之一。随着养护时间的增加，水泥的水化过程不断进行，水化产物不断产生，从而达到优化混凝土材料微观结构，提高混凝土后期强度以及改善混凝土耐久性能的目的。本研究的养护时间分别取为 30d、60d、120d 和 180d。

单方用水量：混凝土的单方用水量是影响其工作及耐久性能的重要因素。普通混凝土的单方用水量取决于骨料的最大粒径和混凝土的坍落度，在工作性能允许的条件下，混凝土的单方用水量宜尽可能小。本试验采用的单方用水量分别为 185kg、195kg、205kg 和 215kg。

2.性能指标的选取

1）工作性能

为了使生产的混凝土达到所要求的性能（强度和耐久性），选择特定的原材料和配合比无疑是很重要的，同时还须保证新拌混凝土有良好的工作性能。如果混凝土拌合物的工作性能不好，在一定的施工条件下，就不能生产出密实的和均匀的混凝土结构。换句话说，硬化混凝土的强度和耐久性必须有新拌混凝土良好的工作性能予以保证。

传统上混凝土的工作性是指混凝土拌合物易于施工操作（拌合、运输、浇筑、捣实）并能获得质量均匀、成型密实的性能。工作性是一项综合的技术性能，包括有流动性、黏聚性和保水性三方面的含义。目前，尚没有能够全面反映混凝土拌合物工作性的测定方法。对于未加碱水剂的普通强度混凝土而言，通常是采用坍落度试验测定其拌合物的流动性，并辅以直观经验评定黏聚性和保水性。因此，这里取坍落度作为衡量掺海砂混凝土工作性能的指标。

2）力学性能

与其他工程材料一样，强度是混凝土材料的主要力学性能，它是工程设计和质量控制的重要依据，而且混凝土的其他一些重要性能如弹性模量、致密性等都与强度有密切的关系。工程材料的强度通常被定义为抵抗外力不受破坏的能力，而破坏有时等同于出现裂缝。然而，混凝土与其他工程材料不同，因为在其承受外力以前，混凝土内部早已存在微裂缝和其他结构缺陷。因此，混凝土强度与引起破坏时的应力有关，强度与达到破坏极限的应力最大值可视为等同。

本章中所取的力学性能指标为混凝土的立方体抗压强度。因为抗压强度通常用以反映混凝土质量的概况，而其他各类强度，如抗拉、抗弯、抗剪等，往往均以抗压强度的一个分量来表示。

3）耐久性能[70]

混凝土在使用期间，会由于环境中的水、气体及其中所含侵蚀性介质浸入，产生物理和化学的反应而逐渐劣化。混凝土的耐久性实质上就是抵抗这种劣化作用的能力。产生这种劣化作用的内部潜在因素是混凝土中的化学成分和结构，外部条件是环境中侵蚀性介质和水的存在，必要条件是那些外部的侵蚀性介质和水能够逐渐浸入混凝土的内部。因此，沿海地区使用掺海砂混凝土的着眼点应放在，当混凝土劣化的外部条件存在时，使混凝土本身更加密实，硬化后体积稳定而不产生收缩裂缝，同时减少混凝土内部受侵蚀的组分，以保证其耐久性。

在不同的环境中，起主导作用的因素不同，混凝土的劣化会有不同的表现，但往往仍是许多因素综合的、复杂的作用，因此至今难以建立一个评价混凝土耐久性的确定指标。对于普通混凝土而言，常用抗渗（水）性来评价混凝土抵抗外部介质浸入的能力，用抗冻融循环性和抗干湿循环性来评价混凝土抗物理作用劣化的能力，用抗碳化性来评价混凝土抵抗钢筋锈蚀的能力。

针对本书研究的环境为海洋环境，混凝土主要的侵蚀介质为氯离子，破坏的主要形态为氯离子浸入钢筋表面所引起的钢筋锈蚀、混凝土锈胀破坏，选择氯离子的扩散系数作为耐久性的评价指标。

3.1.3 试验方案的确定

本试验重点研究砂的种类、水灰比、单方用水量、养护时间这几个因素对海砂混凝土各性能指标的影响。采用正交试验的途径，比较各因素影响的主次关系及影响效果，得出使普通海砂混凝土高性能化的方法，为沿海地区海砂混凝土结构的耐久性研究提供一定依据。同时，根据正交试验结果，采用多元回归的方法，得出混凝土各性能指标随砂的种类、水灰比等因素变化的经验公式。为近海环境下钢筋混凝土建筑的耐久性设计，主要是为混凝土配方设计提供参考依据。

根据所选的试验因素和水平，本试验选取正交设计表 L_{16} (4^4)。正交表是利用"均衡分散性"与"整齐可比性"这两条正交性原理，从大量的试验点中挑选出适量具有代表性的试验点，制成有规律排列的表格。每个正交表有一个代号 L_n (q^m)，其含义：L 为表示正交表；n 为试验总数；q 为因素的水平数；m 为表的列数，表示最多能容纳因素个数。

本试验考虑了四个因素，每个因素有四个水平，因素和水平的详细情况见表 3-1。

试验因素和水平　　　　　　　　　　　　　　　表 3-1

水平(i) ＼ 因素(j)	砂的种类	水灰比	养护时间	单方用水量(kg)
1	海砂	0.45	30d	185
2	50%海砂 50%河砂	0.50	60d	195
3	淡化海砂	0.55	120d	205
4	普通河砂	0.60	180d	215

由表 3-1 列出正交试验表，见表 3-2。

正交试验表　　　　　　　　　　　　　　　　表 3-2

砂的种类	水灰比	养护时间	单方用水量	试件编号
海砂	0.45	30d	185	H11
	0.50	60d	195	H22
	0.55	120d	205	H33
	0.60	180d	215	H44

续表

砂的种类	水灰比	养护时间	单方用水量	试件编号
50%海砂、50%河砂	0.45	60d	205	HP13
	0.50	30d	215	HP24
	0.55	180d	185	HP31
	0.60	120d	195	HP42
淡化海砂	0.45	120d	215	D14
	0.50	180d	205	D23
	0.55	30d	195	D32
	0.60	60d	185	D41
普通河砂	0.45	180d	195	P12
	0.50	120d	215	P21
	0.55	60d	205	P34
	0.60	30d	195	P43

注：试件编号的大写字母 P、H、D 分别代表砂的种类为普通河砂、海砂和淡化海砂；编号的第一个阿拉伯数字代表水灰比，第二个阿拉伯数字代表单方用水量。

3.2 试验配合比确定

3.2.1 配合比设计方法

普通混凝土是由水泥、砂子、石子与水混合搅拌均匀而形成，所以确定了水灰比、砂率以及单方用水量这三个参数也就最终确定了混凝土的配比组成。反过来说，水灰比、砂率以及单方用水量中任何一个参数的变化都将改变混凝土的组成，从而给混凝土的各种性能指标造成很大的差异。在上一节试验研究方案中，已将水灰比和单方用水量作为衡量混凝土各个性能指标的一个影响因素进行考虑，并赋予了 4 个水平。为了保证试验的结果更具可比性，这里将砂率这个参数取为定值。

根据配合比手册中的经验配比，同时考虑到混凝土应具有良好的工作性能，取砂率为 35%。

3.2.2 试验配合比

根据选用的正交设计表，对应相关的因素、水平以及选定的参数，计算出每一组试验的混凝土配合比，如表 3-3 所示。

海砂混凝土试验配比表　　　　　　　　　　　　表 3-3

试件编号	砂类	水灰比	砂率	水泥 （kg/m³）	砂子 （kg/m³）	石子 （kg/m³）	单方用水 （kg）
H11	海砂	0.45	35%	411	649	1205	185
H22	海砂	0.50	35%	390	653	1212	195
H33	海砂	0.55	35%	373	655	1216	205
H44	海砂	0.60	35%	358	657	1220	215
HP13	海、河砂	0.45	35%	456	626	1163	205
HP24	海、河砂	0.50	35%	430	632	1173	215
HP31	海、河砂	0.55	35%	336	675	1254	185
HP42	海、河砂	0.60	35%	325	676	1255	195
D14	淡化海砂	0.45	35%	477	615	1142	215
D23	淡化海砂	0.50	35%	410	642	1192	205
D32	淡化海砂	0.55	35%	355	665	1235	195
D41	淡化海砂	0.60	35%	308	685	1272	185
P12	普通河砂	0.45	35%	433	638	1184	195
P21	普通河砂	0.50	35%	430	632	1173	215
P34	普通河砂	0.55	35%	372	655	1217	205
P43	普通河砂	0.60	35%	325	676	1254	195

3.3　海砂混凝土材料工作性能试验研究

3.3.1　混凝土拌合程序

由于所配制混凝土的组分很多，而每份用量较少，为保证拌合物质量，本试验采用人工搅拌的方法。首先将水泥、细骨料搅拌均匀，然后加入 70% 的水，拌合均匀后同时加入粗骨料和剩下的水，搅拌均匀后取出，进行工作性能的试验。流程图如图 3-1 所示。

图 3-1　混凝土投料搅拌流程图

3.3.2　混凝土拌合物试验方法

混凝土坍落度是表征新拌混凝土性能的重要指标，其大小直接影响混凝土的工作性。试验方法按照《普通混凝土拌合物性能试验方法标准》GB/T 50080—2016 进行。

1. 试验名称：坍落度与坍落扩展度试验。该方法适用于骨料最大粒径不大于 40mm，坍落度值不小于 10mm 的混凝土拌合物稠度测定。

2. 试验设备：坍落度筒（底部直径 200mm，顶部直径 100mm，高度 300mm）；钢尺；钢捣棒（直径 16mm，长 600mm）；小铲；拌板；抹刀等。

3. 试验步骤：

首先用水湿润桶体，放置在水平板上，使其保持位置固定；然后将混凝土试样用小铲分三层均匀装入筒内，使捣实后每层高度为筒高的三分之一左右，每层用捣棒插捣 25 次，顶层插捣完后，刮去多余混凝土，并用抹刀抹平；接下来清除筒边的混凝土后，垂直平稳地提起坍落度筒，提离过程应在 5～10s 内完成；最后测量筒高与坍落后混凝土试体最高点之间的高度差，即为该混凝土拌合物的坍落度值。

4. 测量单位及精度要求：混凝土拌合物坍落度值以"毫米"为单位，测量精确至 1mm，结果表达修正至 5mm。

另外，进行完混凝土坍落度的测量之后，还应对混凝土试体的黏聚性及保水性进行评价。黏聚性的检查方法是用捣棒在已坍落的混凝土锥体侧面轻轻敲打，此时如果锥体逐渐下沉，则表示黏聚性良好，如果锥体倒塌、部分崩裂或出现离析现象则表示黏聚性不好。保水性以混凝土拌合物稀浆析出的程度来评定，坍落度筒提起后如有较多的稀浆从底部析出，锥体部分的混凝土也因失浆而骨料外露，则表明此混凝土拌合物的保水性能不好；如果坍落筒提起后无稀浆或仅有少量稀浆自底部析出，则表示此混凝土拌合物保水性良好。

3.3.3　试验结果

通过试验，得到如表 3-4 所示的试验结果。

混凝土拌合物坍落度试验结果及分析

表 3-4

试件编号	因素　砂的种类	水灰比	单方用水量	坍落度
	A	B	D	（mm）
H11	海砂	0.45	185	30
H22	海砂	0.50	195	90
H33	海砂	0.55	205	150

续表

因素 试件编号	砂的种类 A	水灰比 B	单方用水量 D	坍落度 （mm）
H44	海砂	0.60	215	190
HP13	海、河砂	0.45	205	10
HP24	海、河砂	0.50	215	110
HP31	海、河砂	0.55	185	5
HP42	海、河砂	0.60	195	50
D14	淡化海砂	0.45	215	90
D23	淡化海砂	0.50	205	60
D32	淡化海砂	0.55	195	40
D41	淡化海砂	0.60	185	10
P12	普通河砂	0.45	195	5
P21	普通河砂	0.50	185	30
P34	普通河砂	0.55	215	100
P43	普通河砂	0.60	205	60
k_1	115.00	33.750	18.750	
k_2	43.750	72.500	46.250	
k_3	50.000	73.750	70.000	
k_4	48.750	77.500	122.50	
R	71.250	43.750	103.750	
因素主→次	$D \quad A \quad B$			
优选方案	$B_4 \quad E_1 \quad A_1 \quad D_3$			

3.3.4　结果分析

1.直观分析

直观分析法是1972年提出来的，在没有现代计算工具的情形下，直观分析法深受使用者欢迎。即使电脑逐渐普及的今天，直观分析法因为其直观的优点，国内有关书籍仍作为数据分析的主要方法之一。

试验结果的直观分析见表3-8。表3-8各列的下方，分别算出了各水平相应的四次混凝土拌合物坍落度之和 K_1、K_2、K_3、K_4 和平均坍落度 k_1、k_2、k_3、k_4 及其极差 R。以第一列为例，其计算方法如下：

对第一列（因素 A：砂的种类）K_i 和 k_i 值（单位：mm）：

$K_1＝30＋90＋150＋190＝460$（H11、H22、H33、H44 试验值之和）；

$K_2=10+110+5+50=175$（HP13、HP24、HP31、HP42 试验值之和）；

$K_3=90+60+40+10=200$（D14、D23、D32、D41 试验值之和）；

$K_4=5+30+100+60=195$（P12、P21、P34、P43 试验值之和）。

$k_1=K_1/4=494/4=115$；$k_2=K_2/4=215/4=43.75$；$k_3=K_3/4=140/4=50.00$；$k_4=K_4/4=235/4=48.75$。其他各列的 K_i、k_i 值计算方法与第一列相同。

各列的极差 $R=\max\{k_1\quad k_2\quad k_3\quad k_4\}-\min\{k_1\quad k_2\quad k_3\quad k_4\}$。例如，第一列 $R=115-43.75=71.25$。其他各列的计算方法与第一列相同。

1）由试验结果列表的直观判断

从表 3-4 的试验结果中可以发现，H44 的混凝土拌合物工作性最优，其相应的因素水平组合为 A_1、B_4、D_4，即砂的种类为海砂，水灰比为 0.60，单方用水量为 215kg。通过直观判断并不能说明其就是最佳的方案，为得到更为可靠的结论还需进行进一步的分析。

2）由级差确定因素的主次顺序

一般说来，各列的级差是不相等的，这说明各因素的水平改变对试验结果的影响是不相同的，级差越大，表示该列因素的数值在试验范围内的变化，会导致试验指标在数值上有更大的变化，所以级差最大的那一列，就是因素水平对试验结果影响最大的因素，也就是最主要的因素。在本次试验中，由于 $R_D>R_A>R_B$，所以各因素从主到次的顺序为：D（单方用水量），A（砂的种类），B（水灰比）。

3）优选方案的确定

优选方案是指在所做的试验范围内，各因素较优的水平组合。各因素优选水平的确定与试验指标有关，若指标越大越好，则应选取使指标大的水平，即各列 K_i（或 k_i）中最大的那个值对应的水平；反之，若指标越小越好，则应选取使指标小的那个水平。在本次试验中，试验指标是混凝土的坍落度，指标越大说明其流动性越好，即工作性更佳，所以应挑选每个因素 k_1、k_2、k_3、k_4 中最大的值对应的那个水平，由于：

A 因素列：$k_1>k_3>k_4>k_2$；

B 因素列：$k_4>k_3>k_2>k_1$；

D 因素列：$k_4>k_3>k_2>k_1$；

所以优选方案为 $A_1B_4D_4$，即砂的种类为海砂，水灰比为 0.60，单方用水量为 215kg。

4）进行试验验证，作进一步的分析

上述优选方案是通过理论分析得到的，但它实际上是不是真正的优选方案还需作进一步的验证。首先，将优选方案 $A_1B_4D_4$ 与直观判断作对比试验，若方案

$A_1B_4D_4$ 比直观判断试验方案的结果更好，通常就可以认为 $A_1B_4D_4$ 是真正的优选方案，否则直观判断就是所需的优方案。若出现后一种情况，一般说来是没有考虑交互作用或者试验误差较大所引起的，需要做进一步的研究。

优选方案是在给定的因素和水平的条件下得到的，若不限定给定的水平，有可能得到更好的试验方案，所以当所选的因素和水平不恰当时，该优选方案也有可能达不到试验的目的，不是真正意义上的优方案，这时就应该对所选的因素和水平进行适当调整，以找到新的更优方案。我们可以将因素水平作为横坐标，以它的试验指标的平均值 k_i 为纵坐标，画出因素与指标的趋势（图 3-2）。

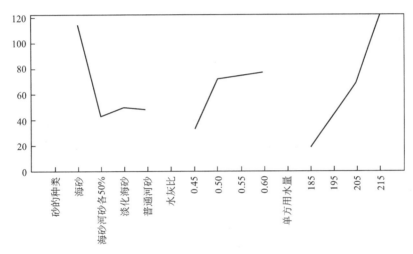

图 3-2 混凝土拌合物工作性能指标与因素水平趋势图

从图 3-2 中也可以看出，当砂的种类 A_1 =海砂，水胶比 B_4 =0.6，单方用水量为 215 时混凝土拌合物的工作性能最好，即优选方案为 $A_1B_4D_4$。从趋势图中还可以看到：使用海砂以及淡化海砂的混凝土拌合物工作性能优于使用普通河砂的，且海砂的工作性能更优。通过前一章节的原材料分析，可以初步认为是海砂中含有大量贝壳等微物质其表面结构比河砂更加光滑所致。由于其级差较大，所以该因素对工作性的改善效果较为显著。

另外，趋势图还显示，水灰比并不是越大工作性能就越好，当水灰比大于0.50 后，其坍落度随水灰比的增加速度放缓，由于其增加的幅度较小，还需对此进行进一步的试验验证，但可以肯定的是通过提高水灰比来改善混凝土拌合物工作性能的方式是不可取的。通过级差分析我们知道，单方用水量对混凝土拌合物工作性能的影响最大，从趋势图中也可以看出其变化呈现出较为显著的线性关系，通过分析可以认为在不加减水剂的情况下水泥浆量的多少对混凝土拌合物工作性能的改善至关重要。有研究表明，水泥浆量对混凝土的耐久性、渗透性有一定的影响，水泥浆量过多即增加了混凝土中的多孔组分，降低了混凝土的抗渗透性。因此，在混凝土拌合物工作性能得到保证的前提下，宜采用较低的水灰比和单方用量。

2. 方差分析

前面使用直观分析的方法对正交试验的结果进行了讨论，直观分析方法具有简单直观、计算量小等优点，但直观分析不能估计误差的大小，不能精确地估计各因素的试验结果影响的重要程度，如果对试验结果再进行方差分析，就能弥补直观分析法的这些不足。

方差分析的主要思想是将响应的总平方和 $SS_T = \sum_{i=1}^{n}(y_i - \overline{y})^2$ 分解为回归平方和 $SS_R = \sum_{i=1}^{n}(\hat{y}_i - \overline{y})^2$ 及残差平方和 $SS_E = \sum_{i=1}^{n}(y_i - \hat{y}_i)^2$，式中，$\overline{y} = \frac{1}{n}\sum_{i=1}^{n}y_i$（本试验中为混凝土拌合物坍落度的平均值），$\hat{y}_i$ 为 y_i 的估计值，这样平方和分解可表示为 $SS_T = SS_R + SS_F$。

同样，对于四因素的正交试验，总平方和可表示为 $SS_T = SS_A + SS_B + SS_D + SS_E + SS_F$。平方和除以各自相应的自由度所得的商称为平均平方和，简称均方，记为 MS_T、MS_R、MS_F、MS_A……。自由度是变数的独立值的数目，即变数值的数目减去所受的约束数。F 分布假设成立，回归均方或因素均方与残差均方的期望值相同，则 $F = MS_{R,A\cdots C}/MS_F$ 值用来作显著性检验。

在试验中所选的因素，不一定对响应都有显著的影响，需要进行统计的假设检验，检验因素对指标的变化是否有显著的影响。例如：对于因素 A 砂的种类，检验其对混凝土拌合物坍落度的影响就是检验：

$H_0^A: a_1 = a_2 = a_3 = a_4 = 0$；$H_1^A: a_1, a_2, a_3, a_4$；不全为零。

总平方和 $SS_T = \sum_{i=1}^{16}(y_i - \overline{y})^2 = 43943.75$，$\overline{y} = \frac{1}{16}\sum_{i=1}^{16}y_i = 64.375$。

因素 A 砂的种类的平方和是它们的 4 个均值（参见表 3-8 中的 $k_1 \sim k_4$ 行）k_1^A、k_2^A、k_3^A、k_4^A 的离差平方和乘以 4，因为每个均值是由 4 次试验的结果平均而得，即：

$$SS_A = 4[(k_1^A - \overline{y})^2 + (k_2^A - \overline{y})^2 + (k_3^A - \overline{y})^2 + (k_4^A - \overline{y})^2]$$
$$= 4[(115 - 64.375)^2 + (43.75 - 64.375)^2 + (50 - 64.375)^2$$
$$+ (48.75 - 64.375)^2]$$
$$= 13756.25$$

类似的，由因素 B 水胶比、因素 D 单方用水量的均值可算得 $SS_B = 5056.25$，$SS_D = 23281.25$。误差平方和：

$$SS_F = SS_T - SS_A - SS_B - SS_D$$
$$= 43943.75 - 13756.25 - 5056.25 - 4718.75 - 23281.25$$

$$=1850.00$$

确定自由度的规则如下：因素的自由度为它们的水平数减1，总平方和的自由度为总试验次数减1。

在实际应用中，常常先计算出各列的平均平方和 MS_i，当 MS_i 比误差列的平均平方和 MS_F 还小时，SS_i 就可以当作误差平方和，并入 SS_F 中去，这样使误差的自由度增大，从而在做 F-检验时会更灵敏。将全部可以当作误差的 SS_i 都并入 SS_F 后得到新的误差平方和 SS'_F，相应的自由度 f_i 也并入 f_E 而得到 f'_E，然后再对其他的 SS_j 用 F-做检验。获得方差分析表3-5。

试验结果方差分析表　　　　　　　　　　　表3-5

因素	偏差平方和	自由度	均方	F 比	临界值
砂的种类 A	$SS_A=13756.250$	$f_A=3$	4585.417	$F_A=14.872$	$F_{0.025}(3,6)=6.60$
水胶比 B	$SS_B=5056.250$	$f_B=3$	1685.417	$F_B=5.466$	$F_{0.05}(3,6)=4.76$
单方用水量 D	$SS_D=23281.250$	$f_D=3$	7760.417	$F_D=25.196$	$F_{0.10}(3,6)=3.29$
误差 F	$SS_F=1850.0$	$f_F=6$	308.33		

从表中可以看出，$F_D=25.196>F_{0.025}(3,6)=6.60$，表明 D 因素（单方用水量）对试验指标在 $\alpha=0.025$ 水平上显著，所以该因素影响高度显著；$F_A=14.872>F_{0.025}(3,6)=6.60$，表明 A 因素（砂的种类）对试验指标在 $\alpha=0.025$ 水平上显著，所以该因素影响高度显著；$F_B=5.466>F_{0.05}(3,6)=4.76$，说明 B 因素（水灰比）在 $\alpha=0.05$ 下显著，所以该因素显著。综上所述，在本试验条件下，单方用水量和砂的种类是影响混凝土拌合物工作性能的主要因素，尤其是单方用水量，影响最为明显。而水灰比对混凝土拌合物工作性能的影响略逊于前两因素。

3.4　海砂混凝土材料力学性能试验研究

目前尽管有学者认为混凝土在原材料和配合比上应以耐久性设计为主，强度设计为辅，但是强度尤其是立方体抗压强度仍然是检验混凝土质量的重要指标。对于海砂混凝土而言，只有其力学性能（这里取立方体抗压强度为代表）达到了要求，接下来进行耐久性的研究才更有意义。

3.4.1　混凝土的养护

养护情况对混凝土硬化后的强度发展非常重要，本试验的混凝土试件均放置在标准养护室进行养护，温度控制在 25℃，湿度在 90% 以上。

3.4.2　混凝土抗压强度试验方法

本试验按《普通混凝土力学性能试验方法标准》GB/T 50081—2002 的要求进行。根据试验室条件，试件的尺寸大小设计为 100mm×100mm×100mm，且三个试件为一组。

1.试验名称：抗压强度试验。

2.试验设备：试模、振动台、小铲、抹刀、养护室、压力试验机（图 3-3）等。

3.试验步骤：首先进行试件的制作和养护；达到试验龄期后取出试件并将试件擦干后安放在试验机的下压板上，试件的承压面应与成型时的顶面垂直。试件的中心应与试验机下压板的中心对准，开动试验机，当上压板与试件接近时，调整球座，使接触均匀；在试验过程中应连续均匀地加载，加载速度取每秒 0.4～0.6MPa；当试件接近破坏开始急剧变形时，应停止调整试验机油门，直至破坏。最后记录破坏荷载。

4.数据处理方法：

混凝土的立方体抗压强度应按下式计算：

$$f_{cc} = \frac{F}{A}$$

式中　f_{cc}——混凝土立方体试件抗压强度（MPa）；

　　　F——试件破坏荷载（N）；

　　　A——试件承压面积（mm^2）。

混凝土立方体抗压强度计算应精确至 0.1MPa，且取三个试件测值的算术平均值作为该组试件的强度值。三个测值中的最大值或最小值中如有一个与中间值的差值超过中间值的 15% 时，则把最大及最小值一并舍除，取中间值作为该组试件的抗压强度值。如果最大值和最小值与中间值的差均超过中间值的 15%，则该组试件的试验结果无效。

图 3-3　压力试验设备

3.4.3 试验结果

通过试验，得到如表 3-6 所示的试验结果。

混凝土立方体抗压强度试验结果及分析　　　　　表 3-6

因素 试件编号	砂的种类 A	水灰比 B	养护时间 C	单方用水量 （kg） D	立方体抗压强度 （MPa）
H11	海砂	0.45	30d	185	46.0
H22	海砂	0.50	80d	195	58.7
H33	海砂	0.55	130d	205	47.3
H44	海砂	0.60	180d	215	49.4
HP13	海、河砂	0.45	80d	205	48.5
HP24	海、河砂	0.50	30d	215	42.3
HP31	海、河砂	0.55	180d	185	45.2
HP42	海、河砂	0.60	130d	195	38.1
D14	淡化海砂	0.45	130d	215	59.0
D23	淡化海砂	0.50	180d	205	54.5
D32	淡化海砂	0.55	30d	195	37.7
D41	淡化海砂	0.60	80d	185	39.4
P12	普通河砂	0.45	180d	195	54.1
P21	普通河砂	0.50	130d	185	47.2
P34	普通河砂	0.55	80d	215	49.5
P43	普通河砂	0.60	30d	205	32.2
k_1	50.350	51.900	39.550	44.450	
k_2	43.525	50.675	49.025	47.150	
k_3	47.650	44.925	47.900	45.625	
k_4	45.750	39.775	50.800	50.050	
R	6.825	12.125	11.250	5.600	
因素主→次			$B\ C\ A\ D$		
优选方案			$A_1\ \ B_1\ \ C_4\ \ D_4$		

3.4.4 结果分析

1. 直观分析

1）由试验结果列表的直观判断

从表 3-6 的试验结果中可以发现，D14 的混凝土立方体抗压强度最高，其相应的因素水平组合为 $A_3B_1C_3D_4$，即砂的种类为淡化海砂，水灰比为 0.45，养护时间为 130d，单方用水量为 215kg。通过直观判断尚不能确定其就是最佳的方案，要得到更为可靠的结论还需进行进一步的分析。

2）优选方案的确定

在本次试验中，试验指标为混凝土的立方体抗压强度，认为指标越大其力学性能越好，所以应挑选每个因素 k_1、k_2、k_3、k_4 中最大的值对应的那个水平，由于：

A 因素列：$k_1 > k_3 > k_4 > k_2$；

B 因素列：$k_1 > k_2 > k_3 > k_4$；

C 因素列：$k_4 > k_2 > k_3 > k_1$；

D 因素列：$k_4 > k_2 > k_3 > k_1$；

所以优选方案为 $A_1B_1C_4D_4$，即砂的种类为海砂，水胶比为 0.45，养护时间为 180d，单方用水量为 215。与上述的直观判断结果相比较，优选方案在 B 因素（水灰比）、D 因素（单方用水量）的水平选择上是一致的。而在 A 因素（砂的种类）、C 因素（养护时间）的水平选择上有所差别。

3）由级差确定因素的主次顺序

由表 3-6 的级差分析可以看出，在本次试验中 $R_B > R_C > R_A > R_D$，所以各因素从主到次的顺序为：B（水灰比），C（养护时间），A（砂的种类），D（单方用水量）。其中 B 因素的级差值最大，故水灰比是本次试验中决定强度大小的最主要因素；C 因素级差值次之，说明养护时间对强度提高的影响也十分明显；A、D 因素的级差值相对较小，且相差不大，说明它们对混凝土强度指标的影响力较小，且较为接近。这从一个方面也解释了直观判断所得结论与优选方案之间产生差异的原因，即砂的种类、单方用水量这两个因素在本次试验中对混凝土抗压强度的影响可能被误差所掩盖，如欲得到确切的结论还需进一步的分析研究。

4）进行试验验证，作进一步的分析

如上所述，优选方案是通过理论分析得到的，但它实际上是不是真正的优选方案还需作进一步的验证。首先，将优选方案 $A_1B_1C_4D_4$ 与正交表中直观判断的最佳方案 $A_3B_1C_3D_4$ 作对比试验，若方案 $A_1B_1C_4D_4$ 比方案 $A_3B_1C_3D_4$ 的试验结果更好，通常就可以认为 $A_1B_1C_4D_4$ 是真正的优选方案，否则 $A_3B_1C_3D_4$ 就是所需的优方案。若出现后一种情况，一般说来是没有考虑交互作用或者试验误差较大所引起的，需要做进一步的研究。

同样需要指出的是，上述的优选方案是在给定的因素和水平的条件下得到的，若不限定给定的因素水平，有可能得到更好的试验方案，所以当所选的因素和水平不恰当时，应该对所选的因素和水平进行适当调整，以找到新的更优方案。我们可以将因素水平作为横坐标，以它的试验指标的平均值 k_i 为纵坐标，

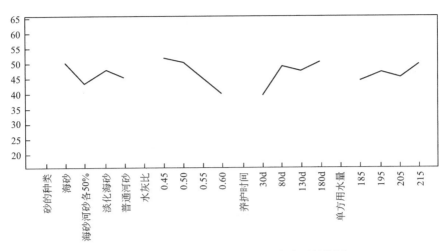

图 3-4   混凝土力学性能指标与因素水平趋势图

画出因素与指标的趋势图 3-4。

从图 3-4 中也可以看出，当砂的种类 A_1＝海砂，水胶比 B_1＝0.45，养护时间 C_4＝180，单方用水量为 215 时，混凝土的力学性能最好，即最优方案为 $A_1B_1C_4D_4$。从趋势图中还可以看到：使用海砂以及淡化海砂的混凝土的抗压强度高于普通河砂，根据前一章节的原材料分析，初步认为主要是海砂以及淡化海砂的含泥量和泥块含量显著低于河砂所致，由于该因素的级差值较小，且所取水平较为离散，所以该因素的变化对混凝土抗压强度产生的影响并不显著，欲得到更为确切的结论还需进一步的分析验证。另外，趋势图显示，随着水灰比的减小，混凝土抗压强度得到了提高，变化基本呈线型关系，这与我们一般的认识是一致的；值得注意的是随着后期养护时间的增长，混凝土抗压强度的提高幅度较大，且变化呈线性增长，这说明了随着时间的推移，混凝土内的二次水化反应不断进行，水化生成物使混凝土内部的微结构得到逐步改善，从而提高了后期的强度，但提高的幅度有逐渐放缓的趋势。单方用水量对于混凝土抗压强度的变化趋势较为平缓，说明水灰比一定的情况下增加水泥浆的量并未提高混凝土的抗压强度，但也不会显著降低混凝土的强度，由此可以认为，在较大的水灰比（0.45～0.6）且未加任何外加剂的条件下，混凝土中水泥浆量对提高混凝土强度的影响很有限。

2. 方差分析

本次试验已预留出空白列作为误差列进行方分析，过程如下：

$$\bar{y}=\frac{1}{16}\sum_{i=1}^{16}y_i=46.82, \quad SS_T=\sum_{i=1}^{16}(y_i-\bar{y})^2=870.244$$

$$SS_A=4\left[(k_1^A-\bar{y})^2+(k_2^A-\bar{y})^2+(k_3^A-\bar{y})^2+(k_4^A-\bar{y})^2\right]=100.607$$

$$SS_B=4\left[(k_1^B-\bar{y})^2+(k_2^B-\bar{y})^2+(k_3^B-\bar{y})^2+(k_4^B-\bar{y})^2\right]=375.562$$

$$SS_C = 4 \left[(k_1^C - \overline{y})^2 + (k_2^C - \overline{y})^2 + (k_3^C - \overline{y})^2 + (k_4^C - \overline{y})^2 \right] = 298.887$$

$$SS_D = 4 \left[(k_1^D - \overline{y})^2 + (k_2^D - \overline{y})^2 + (k_3^D - \overline{y})^2 + (k_4^D - \overline{y})^2 \right] = 70.347$$

由于 E 列作为空白列有：

$SS_E = SS_T - SS_A - SS_B - SS_C - SS_D = 24.84$，且自由度为 3，所以得到方差分析表 3-7。

试验结果方差分析表　　表 3-7

因素	偏差平方和	自由度	均方	F	临界值
砂的种类 A	$SS_A = 100.607$	$f_A = 3$	33.54	$F_A = 4.050$	$F_{0.010}(3,6) = 9.78$
水胶比 B	$SS_B = 375.562$	$f_B = 3$	125.19	$F_B = 15.118$	$F_{0.025}(3,6) = 6.60$
养护时间 C	$SS_C = 298.887$	$f_C = 3$	99.63	$F_C = 12.032$	$F_{0.05}(3,6) = 4.76$
单方用水量 D	$SS_D = 70.347$	$f_D = 3$	23.45	$F_D = 2.832$	$F_{0.10}(3,6) = 3.29$
误差 E	$SS_E = 24.84$	$f_E = 3$	8.28		$F_{0.25}(3,6) = 1.78$

从表 3-7 中可以看出，$F_B = 15.118 > F_{0.010}(3,6) = 9.78$，表明 B 因素（水灰比）对试验指标在 $\alpha = 0.010$ 水平上显著，所以该因素影响高度显著；$F_C = 12.032 > F_{0.010}(3,6) = 9.78$，表明 C 因素（养护时间）对试验指标在 $\alpha = 0.010$ 水平上显著，所以该因素影响同样高度显著；$F_A = 4.050 > F_{0.10}(3,6) = 3.29$，说明 A 因素（砂的种类）在较为显著；$F_D = 2.832 > F_{0.25}(3,6) = 1.78$，说明该因素在 $\alpha = 0.25$ 水平显著，所以该因素有一定的影响。综上所述，在本试验条件下，水灰比和养护时间是影响混凝土抗压强度的主要因素，尤其是水胶比，影响最为显著，因此在配置海砂混凝土的时候，须严格控制水灰比，以保证其具有足够的强度。此外，还要加强对混凝土的养护，因为养护时间对混凝土后期强度的增长的影响是比较大的。而砂的种类对混凝土抗压强度有一定影响，不能忽略，通过前面的直观分析可知，海砂及淡化海砂对混凝土强度的影响是积极的，故在力学性能方面，海砂以及淡化海砂的推广应用是可行的。

3.5　海砂混凝土材料耐久性能试验研究

混凝土耐久性的研究包括许多方面的内容，但针对沿海地区掺海砂的混凝土结构而言，氯离子的渗透扩散能力是决定钢筋混凝土建筑物耐久性的一个重要因素。而由于氯离子半径小且较为活跃的特点，专家学者们往往也通过测量氯离子在混凝土中的渗透性来评价混凝土的渗透性和耐久性。混凝土抗氯离子渗透性越强，从外界环境侵入钢筋表面的氯离子达到临界浓度所需的时间越长。因此，对近海环境下海砂混凝土氯离子扩散系数进行评价和研究，找出提高混凝土抗氯离子渗透性的主要因素具有非常重要的意义。

目前，国内外用于评价混凝土抗氯离子渗透性的方法主要有电量法（ASTM C1202）、氯离子扩散系数法（自然浸泡法、电迁移法、饱盐电导率法）等。

1. ASTM C1202 法[38]

ASTM C1202 是美国材料实验协会制定的关于混凝土抵抗氯离子渗透能力的标准试验方法。该方法的测试过程为：将 $\phi 4mm \times 50mm$ 的混凝土试样进行真空饱水，然后置于标准夹具中，通过 0.3％ NaOH 溶液和 3％ NaCl 溶液给试样施加 60V 直流电，通电 6h，记录通过的电量，据此评价混凝土抗氯离子渗透性的高低。评价标准见表 3-8。

混凝土通过的电量与氯离子渗透性　　　　表 3-8

通过的电量(C)	氯离子渗透性	典型混凝土
>4000	高	高水灰比(0.6)
2000～4000	中	中水灰比(0.4～0.5)
1000～2000	低	低水灰比(0.3～0.4)
100～1000	非常低	乳液改性、硅灰混凝土
<100	可忽略	聚合物或其浸泡混凝土

实验假定阴离子在电场作用下，由负极向正极移动，同条件下，迁移量越多，即电量越大，表明试件的氯离子渗透性越大。但是近来该方法用于评价高性能混凝土越来越受到非议。文献［34］认为 ASTM C1202 方法测量过程中电流-时间曲线的非稳态给正确评价混凝土的渗透性带来了困难；测量中混凝土电化学特性的变化、电极反应、温度变化及测试技术等方面的原因影响结果的正确性；认为该方法比较适合于所测电量在 1000～3000C 的混凝土，从强度等级上讲通常为中等强度混凝土，即 C30～C50 的混凝土。

2. 自然浸泡法[39-41]

自然浸泡法是将制作好的试件（或现场取样）在试验前 7d 加工成标准测试试件（$\phi 100mm \times 50mm$），浸没于饱和 Ca(OH)$_2$ 溶液养护至试验龄期，除了测试面，其余面均用环氧树脂密封以避免出现双向扩散和压力渗透现象。测试时放入 1mol/L NaCl 溶液中，保持温度恒定，浸泡至预定时间，取出在研磨机上分层研磨，将每层混凝土粉末（第一层除外）放入三角瓶中加入 0.5mol/L 硝酸溶液，加热至微沸，以充分释放氯离子到溶液中，冷却至室温后用 0.01mol/L AgNO$_3$ 溶液滴定来得出混凝土粉末的氯离子浓度，一般采用 10 个点来描述氯离子随混凝土深度的浓度分布。根据氯离子浓度与侵入深度的关系曲线，利用 Fick 第二定律，基于最小二乘法拟合出混凝土的氯离子扩散系数。

自然浸泡法原理简单，容易接受，但试验周期长，要进行切片、研磨、浸取、电化学滴定、数学拟合等多个步骤。试验过程繁琐，而且无法真正知道混凝土表面氯离子浓度，因此，检测结果的误差较大，通常在 $20\%\sim25\%$。

3. 电迁移法（RCM）

电迁移法是 Luping Tang、Nilsson 等人建立的方法。现在已成为瑞典（CTH）和北欧的标准方法[71-72]。其原理是利用了水溶液电化学中的基本公式 Nernst-Planck 方程：

$$J = -uEC - D\frac{\mathrm{d}c}{\mathrm{d}x} + CV \tag{3-1}$$

式中 u——被研究粒子的淌度；

      E——电场强度；

      D——被研究粒子的扩散系数；

      C——被研究粒子的浓度；

      V——被研究粒子的流速。

公式左侧为被研究粒子的传输通量，右侧分别为电迁移量、扩散量和对流量。试验步骤：将制作好的试件（$\phi100\text{mm}\times50\text{mm}$）养护至龄期时装入橡胶筒内，再装入试验槽中，侧面处于封闭状态。橡胶筒内装入 0.2mol/L KOH 溶液，阳性板和试件表面均浸泡于溶液中。在试验槽中注入含 5%NaCl 的 0.2mol/L 的 KOH 溶液。通以直流电源，同步测量并联电压、串联电流和电解液温度。结束时取出试件，在压力机上劈成两半，喷涂显色指示剂，含氯离子部分明显变亮，稍干后喷 0.1mol/L AgNO_3 溶液，沿分界线量得氯离子扩散深度，从而计算氯离子在混凝土中的扩散系数。

但是，Luping Tang、Nilsson 等人建立的电迁移法没有考虑扩散项和对流项。这样，对于孔隙率大的混凝土，如存在开孔或连续的微细孔道，则由毛细作用吸入混凝土的氯离子量将不可忽略，这使得劈裂后测得的氯离子渗入深度要比理论电迁移深度大。相反，当被测混凝土的孔隙率很低时，氯离子的迁移不会等同于水溶液中的迁移，扩散过程的影响不能够被忽略。而且，由于采用较高的电压（10~60V）、通电时间较长（6~96h），孔溶液会在不断变化，电极反应消耗一部分电流。这些使测得的混凝土扩散系数不够精确，认为该方法适用于 C50~C70 的混凝土。

4. 饱盐电导率法[21]

该方法是清华大学建立的方法，又叫 NEL 法，是一种快速测定混凝土氯离子扩散系数的方法。它是将混凝土进行饱盐，使之成为线性元件。然后用 Nernst-Einstein 方程确定混凝土中的氯离子扩散系数：

$$D_i = \frac{RT\sigma_i}{Z_i^2 F^2 C_i} \tag{3-2}$$

式中 D_i——氯离子扩散系数；

R——气体常数；

T——绝对温度；

σ_i——粒子的偏电导；

Z_i——粒子的电荷数或阶数；

F——Faraday 常数；

C_i——粒子浓度。

假定氯离子的迁移数为 1，C_i 认为是孔溶液中的氯离子浓度，或是所用盐溶液的氯离子浓度，通过测量混凝土的电导率 σ 来计算 D_i。由于试验中采用小的电压（1~5V），减小了电极反应的不良影响。与氯离子浓度-深度曲线计算得出的氯离子扩散系数相比，发现其通常为 NEL 法检测结果的 0.8~0.95，认为 NEL 法测得的混凝土氯离子扩散系数为自由氯离子扩散系数，适合各种强度的混凝土，当然也适合高性能混凝土，可灵敏地反映混凝土氯离子扩散性的细微变化，包括矿物掺合料、水灰比、养护时间等对混凝土渗透性的影响。NEL 法的建议评价标准见表 3-9。

NEL 法建议评价标准   表 3-9

水胶比(W/B)	混凝土 28 天抗压强度(MPa)	氯离子扩散系数（$10^{-14}\mathrm{m^2/s}$）	混凝土渗透性级别	混凝土渗透性评价
>0.60	<30	>1000	I	很高
0.45~0.60	30~40	500~1000	II	高
0.40~0.45	40~60	100~500	III	中
0.35~0.40	60~80	50~100	IV	低
0.30~0.35	80~100	10~50	V	很低
0.20~0.30	100~200	5~10	VI	极低
<0.20	>200	<5	VII	可忽略

本书采用 NEL 法测掺海砂混凝土的氯离子扩散系数，通过氯离子扩散系数来评价掺海砂混凝土抗氯离子渗透性和耐久性。

3.5.1　试件的制作

试验用试件尺寸为 $\phi 100\mathrm{mm} \times 50\mathrm{mm}$，制备时用以 $\phi 100\mathrm{mm} \times 250\mathrm{mm}$ 的 PVC 管为试模，为了保证试件成标准的圆柱体，选用管壁较厚较硬的 PVC 管，并在试模的一端用胶布封住，以免漏浆。成型后除去端面浮浆后切割成 3 块 $\phi 100\mathrm{mm} \times 50\mathrm{mm}$ 试件。试件的编号见表 3-3。

3.5.2　氯离子扩散系数的试验方法及步骤

本书混凝土氯离子扩散系数的测定采用 NEL 法。具体步骤如下：

图 3-5　试件切割

1.试样制备：按上述制作好试件后放入标准养护室养护。测试前切除试件的上下表面浮浆层后，将每个混凝土试件切割成三个 φ100mm×50mm 的试样；切割后的试件在车床上车成 50mm 等高的试件。试件的制作如图 3-5 所示。

2.溶液配制：用分析纯 NaCl 和蒸馏水搅拌配制 4mol/L 的 NaCl 盐溶液，静停 24 小时备用。

3.真空饱盐：顺序打开开关，当真空室的真空度达−0.08MPa 后，保持 4～6 小时，之后，关闭真空室的抽气球阀，打开注水开关，将盐溶液引入真空室，当液位指示灯熄灭时，立即关闭注水开关，然后再打开抽气开关，抽真空至−0.08MPa，保持 1～2 小时，关闭抽气开关和真空泵。静停至自开始抽真空时计 24 小时止。之后，放气，取出试样，准备渗透性检测；试件的真空饱盐装置示意图实物图分别如图 3-6（a）、图 3-6（b）所示。

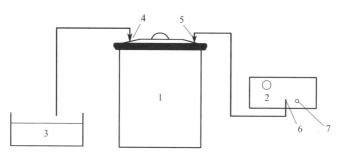

注:1-密封真空锅
2-真空泵
3-4mol/L NaCl盐溶液
4-真空锅注水口
5-真空锅出气口
6-真空泵抽气口
7-真空泵出气口

图 3-6（a）　试件真空饱盐装置示意图

图 3-6（b）　试件真空饱盐试验装置实物图

4.扩散系数测定：将饱盐后混凝土试样擦干侧面，放入夹具的两紫铜电极间，输入试样厚度、环境温度等参数后用 APT 测试软件检测混凝土中的氯离子扩散系数；将三个试样测量值的平均值作为其氯离子扩散系数。装置示意图、实物图分别见图 3-7（a）、图 3-7（b）。

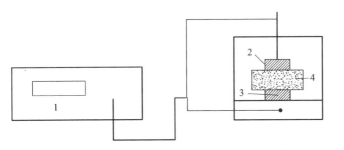

注：1-测试仪
2-铜电极(正极)
3-铜电极(负极)
4-混凝土试件

图 3-7（a） 氯离子扩散系数测定装置示意图

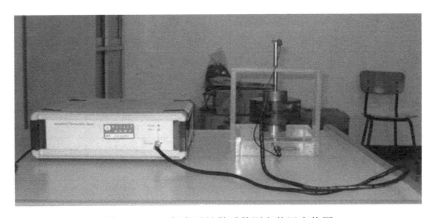

图 3-7（b） 氯离子扩散系数测定装置实物图

3.5.3 试验结果

试验结果见表 3-10。

混凝土抗氯离子渗透性试验结果及分析　　　　表 3-10

因素 试件编号	砂的种类	水灰比	养护时间	单方用水量	氯离子扩散系数 （×10^{-8}cm^2/S）
	A	B	C	D	
H 11	海砂	0.45	30d	185	3.05
H 22	海砂	0.50	80d	195	3.79
H 33	海砂	0.55	130d	205	3.18
H 44	海砂	0.60	180d	215	3.50
HP13	海、河砂	0.45	80d	205	4.02
HP24	海、河砂	0.50	30d	215	4.50

续表

因素 试件编号	砂的种类 A	水灰比 B	养护时间 C	单方用水量 D	氯离子扩散系数 （$\times 10^{-8}\,\mathrm{cm^2/S}$）
HP31	海、河砂	0.55	180d	185	3.02
HP42	海、河砂	0.60	130d	195	4.57
D14	淡化海砂	0.45	130d	215	3.34
D23	淡化海砂	0.50	180d	205	2.45
D32	淡化海砂	0.55	30d	195	3.49
D41	淡化海砂	0.60	80d	185	3.65
P12	普通河砂	0.45	180d	195	3.44
P21	普通河砂	0.50	130d	215	3.27
P34	普通河砂	0.55	80d	185	4.75
P43	普通河砂	0.60	30d	195	4.70
k_1	3.380	3.462	3.935	3.248	
k_2	4.027	3.502	4.053	3.822	
k_3	3.233	3.610	3.590	3.587	
k_4	4.040	4.105	3.102	4.022	
R	0.807	0.643	0.951	0.774	
因素主→次			$C\ A\ D\ B$		
优选方案			$A_3\quad B_1\quad C_4\quad D_1$		

3.5.4 结果分析

1. 直观分析

1）由试验结果列表的直观判断

从表 3-10 的试验结果中可以发现，D23 的混凝土氯离子扩散系数最低，即其抵抗氯离子渗透的能力最优。相应的因素水平组合为 $A_3B_2C_4D_3$，即砂的种类为淡化海砂，水灰比为 0.50，养护时间为 180d，单方用水量为 205。通过直观判断尚不能确定其就是最佳的方案，要得到更为可靠的结论还需进行进一步的分析。

2）优选方案的确定

在本次试验中，试验指标为混凝土的氯离子扩散系数，因为指标越低其渗透性、耐久性能越好，所以应挑选每个因素 k_1、k_2、k_3、k_4 中最小的值对应的那个水平，由于：

A 因素列：$k_3 < k_1 < k_2 < k_4$；

B 因素列：$k_1 < k_2 < k_3 < k_4$；

C 因素列：$k_4 < k_3 < k_1 < k_2$；

D 因素列：$k_1 < k_3 < k_2 < k_4$；

所以优选方案为 $A_3B_1C_4D_1$，即砂的种类为淡化海砂，水灰比为 0.45，养护时间为 180d，单方用水量为 185。与上述的直观判断结果相比较，优选方案在 A 因素（砂的种类）、C 因素（养护时间）的水平选择上是一致的；而在 B 因素（水灰比）、D 因素（单方用水量）的水平选择上有所差别。

3）由级差确定因素的主次顺序

由表 3-10 的级差分析可以看出，在本次试验中 $R_C > R_A > R_D > R_B$，所以各因素从主到次的顺序为：C（养护时间），A（砂的种类），D（单方用水量），B（水灰比）。其中 C 因素的级差值最大，故养护时间是本次试验中决定混凝土渗透性高低的最主要因素；A 因素级差值次之，说明砂的种类对渗透性改善的影响也十分明显；D 因素再次之，说明对于普通混凝土而言，单方用水量与混凝土的渗透性仍然相关，但与其他影响因素相比其影响的程度已有所降低；B 因素的级差值最小，说明在本次试验中水灰比对混凝土抗渗透性指标的影响力最小。

4）进行试验验证，作进一步的分析

综上所述，最优方案是通过理论分析得到的，但它实际上是不是真正的优方案还需作进一步的验证。首先，将最优方案 $A_3B_1C_4D_1$ 与正交表中直观判断的最佳方案 $A_3B_2C_4D_3$ 作对比试验，若方案 $A_3B_1C_4D_1$ 比方案 $A_3B_2C_4D_3$ 的试验结果更好，通常就可以认为 $A_3B_1C_4D_1$ 是真正的优选方案，否则 $A_3B_2C_4D_3$ 就是所需的优方案。若出现后一种情况，一般说来是没有考虑交互作用或者试验误差较大所引起的，需要做进一步的研究。

我们将因素水平作为横坐标，以它的试验指标的平均值 k_i 为纵坐标，画出

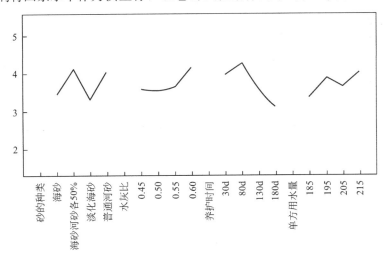

图 3-8　混凝土耐久性能指标与因素水平趋势图

因素与指标的趋势（图 3-8）。

从图 3-8 中也可以看出，当砂的种类 A_3＝淡化海砂，水灰比 B_1＝0.45，养护时间 C_4＝180d，单方用水量为 185 时，混凝土的耐久性能最好，即最优方案为 $A_3B_1C_4D_1$。从趋势图中还可以看到：使用海砂以及淡化海砂的混凝土的抗氯离子渗透的能力显著优于普通河砂，分析认为，主要是由于海砂以及淡化海砂的含泥量和泥块含量显著低于河砂，而河砂中的泥颗粒附着在其表面，影响水泥石与骨料之间的胶结能力，损伤界面性能，从而降低混凝土的抗渗性所致。此外，需要指出的是由于该因素所取水平较为离散，所以欲得到更为确切的结论还需进一步的试验验证。

另外，趋势图显示，随着水灰比的减小，混凝土氯离子扩散系数的总体趋势是降低的，在 0.55～0.60 范围内的变化较大，且基本呈线型关系；而在 0.45～0.55 区间内变化较为平缓。分析认为，在大水胶比（不小于 0.55）的情况下，混凝土的孔隙率约大于 25%，此时空隙率（即水灰比）对混凝土抗氯离子渗透的能力的影响较为显著，而水灰比小于 0.55 时，其影响混凝土抗氯离子渗透能力的程度大大降低，所以强烈建议采用水胶比为 0.55 以下的混凝土。

从趋势图中还发现，随着单方用水量的增加，混凝土氯离子扩散系数的总体趋势是增加的，即抗氯离子渗透的能力降低。其中在 185～195 以及 205～215 的范围内的变化较为明显，在 195～205 的范围内变化较为平缓。分析认为主要是由于单方用水量的增加间接增加了混凝土中的水泥浆量，而硬化后的水泥浆中不可避免的含有一定量的空隙，所以水泥浆量的增多必然加大了混凝土中的空隙数量，从而致使混凝土抗氯离子渗透性能力的降低。由此可见，单方用水量的增加对混凝土渗透性和耐久性的影响总体上是不利的，在工作性能和力学性能得到满足的情况下，应优先考虑选用较小的单方用水量。

由级差分析可知，C 因素（养护时间）是决定混凝土抗渗指标高低的最主要因素，现结合趋势图对其进行进一步的分析。从趋势图中可以看，随着养护时间的增长，混凝土氯离子扩散系数的数值总体趋势是减小的。其中在 80～180 天的范围内变化最为显著，而在 30～80 天之间的变化较为平缓。分析认为，这是由于混凝土中水泥的水化反应是长期的，随着水化程度的提高，水泥石中毛细孔逐渐被新生成的水化物所占据，毛细孔的联通性减弱，从而使得混凝土的渗透系数逐步降低。

2. 方差分析

与对混凝土材料力学性能的分析相类似，本次试验的因素列已预留出空白列，以便于进行方差分析，分析过程如下：

$$\overline{y}=\frac{1}{16}\sum_{i=1}^{16} y_i=3.67, \quad SS_T=\sum_{i=1}^{16}(y_i-\overline{y})^2=6.782$$

$$SS_A=4\left[(k_1^A-\overline{y})^2+(k_2^A-\overline{y})^2+(k_3^A-\overline{y})^2+(k_4^A-\overline{y})^2\right]=2.161$$

$$SS_B = 4 \left[(k_1^B - \overline{y})^2 + (k_2^B - \overline{y})^2 + (k_3^B - \overline{y})^2 + (k_4^B - \overline{y})^2 \right] = 1.056$$

$$SS_C = 4 \left[(k_1^C - \overline{y})^2 + (k_2^C - \overline{y})^2 + (k_3^C - \overline{y})^2 + (k_4^C - \overline{y})^2 \right] = 2.180$$

$$SS_D = 4 \left[(k_1^D - \overline{y})^2 + (k_2^D - \overline{y})^2 + (k_3^D - \overline{y})^2 + (k_4^D - \overline{y})^2 \right] = 1.331$$

将 E 列作为空白列，即将 E 列的偏差平方和作为误差平方和：

$SS_E = SS_T - SS_A - SS_B - SS_C - SS_D = 0.05$；自由度为 3；所以得到方差分析表 3-11。

试验结果方差分析表　　　　　　　　　　　　　　　　表 3-11

因素	偏差平方和	自由度	均方	F	临界值
砂的种类 A	$SS_A = 2.161$	$f_A = 3$	0.720	$F_A = 40.019$	$F_{0.010}(3,6) = 9.78$
水灰比 B	$SS_B = 1.056$	$f_B = 3$	0.352	$F_B = 19.556$	$F_{0.025}(3,6) = 6.60$
养护时间 C	$SS_C = 2.180$	$f_C = 3$	0.727	$F_C = 40.370$	$F_{0.05}(3,6) = 4.76$
单方用水量 D	$SS_D = 1.331$	$f_D = 3$	0.444	$F_D = 24.648$	$F_{0.10}(3,6) = 3.29$
误差 F	$SS_E = 0.05$	$f_F = 3$	0.017		$F_{0.25}(3,6) = 1.78$

从表中可以看出，$F_C = 40.370 > F_A = 40.019 > F_D = 24.648 > F_B = 19.556 > F_{0.010}(3,6) = 9.78$，表明 C（养护时间）、A（砂的种类）、D（单方用水量）以及 B（水灰比）因素对本试验指标均在 $\alpha = 0.010$ 水平上显著，所以该四项因素影响均高度显著。综上所述，在本试验条件下，养护时间、砂的种类、单方用水量以及水灰比均是影响混凝土抗渗性的主要因素，其中养护时间的影响最为显著，说明混凝土的水化反应是一个长期的、缓慢的过程，在进行掺海砂混凝土渗透性评价时采用龄期 28 天作为标准不能准确的表征混凝土真实的抗渗透的能力，建议做长期的试验评价；砂的种类的影响仅次于养护时间的影响，说明对于普通混凝土而言，骨料的质量是影响混凝土耐久性能不可忽视的重要因素，更加突出了优选原材料的特殊意义；单方用水量的影响再次之，说明对于普通强度的混凝土，水泥浆的量对混凝土耐久性及渗透性的影响不容忽视，在保证混凝土工作性的前提下，减少水泥浆量即单方用水量可有效提高混凝土的耐久性能；水灰比对掺海砂混凝土渗透性的影响相对较小，但仍然十分显著，说明水灰比的大小直接与混凝土内部孔隙率的多少相关，水灰比增大则相应的孔隙率增加，从而导致混凝土的抗渗性降低，这从直观上是很好理解的。

另外，本次试验显示，单方用水量因素对混凝土抗渗透能力影响的显著性水平高于水灰比，说明了对掺海砂的普通混凝土而言（水灰比 0.45～0.60），混凝土中的含有的空隙绝对数量对耐久性的影响显著程度高于混凝土中空隙率的影响。

3.6　海砂混凝土氯离子扩散系数经验公式的建立

由上述的直观分析以及方差分析可知，掺海砂混凝土的各项性能受到诸多因素的显著影响，因此本节利用多元线性回归的方法，建立掺海砂混凝土工作、力学及耐久性能的各项指标与各个显著因素之间的线性方程，并对回归系数和回归方程进行显著性检验。最后，对经验公式（回归方程）进行讨论。

3.6.1　多元线性回归理论

因变量 Y 与自变量 X_1，X_2，X_3，$\cdots$，X_p 之间存在线性关系，则多元线性模型为：

$$Y = b_0 + b_1 X_1 + b_2 X_2 + \cdots + b_p X_p + \varepsilon \tag{3-3}$$

式中　b_0，b_1，$\cdots$，b_p——待定参数；

　　　　ε——误差项。

这样，当给出 n 组样品 $(x_{i1}, x_{i2}, \cdots, x_{ip}; y_i)$，$i = 1, 2, \cdots, n$ 时，因变量 Y 与自变量 X_1，X_2，X_3，$\cdots$，X_p 有 n 组样品数据，可以表示为：

$$y_i = b_0 + b_1 x_{1i} + b_2 x_{2i} + \cdots + b_p x_{pi} + \varepsilon_i \tag{3-4}$$

式中，b_0 为回归常数；b_1，b_2，$\cdots$，b_p 为回归系数；ε_1，ε_2，$\cdots$，ε_n 独立同分布 $N(0, \sigma^2)$，ε_i 表示除 x_{1i}，x_{2i}，$\cdots$，x_{pi} 对 y_i 的影响之外的各种随机因素对 y_i 的影响，称之为误差项，$i = 1, 2, \cdots, n$。然后用最小二乘原则在误差平方和 $\sum\limits_{i=1}^{n} \varepsilon_i^2$ 达极小的意义下求参数 b_0，b_2，$\cdots$，b_p 的估计值。

回归系数用最小二乘法估计，方法如下[76]：

设参数 y_i 的估计值分别为 b_0，b_2，$\cdots$，b_p，则有回归方程：

$$\hat{y}_i = b_0 + b_1 x_{1i} + b_2 x_{2i} + \cdots + b_p x_{pi}, \quad i = 1, 2, \cdots, n \tag{3-5}$$

其中，$\hat{y}_i$ 是对应于 x_{1i}，x_{2i}，$\cdots$，x_{pi} 的 y_i 的估计值，称之为回归值。

考虑样品值与回归值的差 $\delta_i = y_i - \hat{y}_i$，$i = 1, 2, \cdots, n$，称之为残差。显然，残差的绝对值 $|\delta_i|$ 是越小越好，为数学上方便处理，也可以考虑用 δ_i^2 代替，因此，考虑残差平方和：

$$\Pi = \sum_{i=1}^{n} \delta_i^2 = \sum_{i=1}^{n} (y_i - \hat{y}_i)^2 = \sum_{i=1}^{n} (y_i - b_0 - b_1 x_{1i} - b_2 x_{2i} - \cdots - b_p x_{pi})^2$$

达最小的原则，即最小二乘原则。这样求得的 b_0，b_2，$\cdots$，b_p 的估计值称为最小二乘估计。

考虑关于 b_0，b_2，$\cdots$，b_p 的二次函数是非负的，必有最小值存在，由数学分析中求极值的原理，即对 Π 分别取关于 b_0，b_2，$\cdots$，b_p 的偏导数，并令它们等于零，便知回归系数 b_0，b_2，$\cdots$，b_p 应满足如下方程组：

$$\begin{cases} \dfrac{\partial \Pi}{\partial b_0} = -2 \sum (y_i - \hat{y}_i) = 0 \\[2mm] \dfrac{\partial \Pi}{\partial b_1} = -2 \sum_i (y_i - \hat{y}_i) x_{1i} = 0 \\[2mm] \cdots \\[2mm] \dfrac{\partial \Pi}{\partial b_p} = -2 \sum (y_i - \hat{y}_i) x_{pi} = 0 \end{cases} \tag{3-6}$$

简化并写成矩阵形式为 $XB = Y$，

其中，$X = \begin{pmatrix} 1 & x_{11} & \cdots & x_{p1} \\ 1 & x_{12} & \cdots & x_{p2} \\ \vdots & \vdots & \vdots & \vdots \\ 1 & x_{1n} & \cdots & x_{pn} \end{pmatrix}$，$B = \begin{pmatrix} b_0 \\ b_1 \\ \vdots \\ b_p \end{pmatrix}$，$Y = \begin{pmatrix} y_1 \\ y_2 \\ \vdots \\ y_n \end{pmatrix}$。

由于，

$$X'X = \begin{pmatrix} 1 & 1 & \cdots & 1 \\ x_{11} & x_{12} & \cdots & x_{1n} \\ \vdots & \vdots & \vdots & \vdots \\ x_{p1} & x_{p2} & \cdots & x_{pn} \end{pmatrix} \begin{pmatrix} 1 & x_{11} & \cdots & x_{p1} \\ 1 & x_{12} & \cdots & x_{p2} \\ \vdots & \vdots & \vdots & \vdots \\ 1 & x_{1n} & \cdots & x_{pn} \end{pmatrix}$$

$$= \begin{pmatrix} n & \sum\limits_{i=1}^{n} x_{1i} & \cdots & \sum\limits_{i=1}^{n} x_{pi} \\ \sum\limits_{i=1}^{n} x_{1i} & \sum\limits_{i=1}^{n} x_{1i}^2 & \cdots & \sum\limits_{i=1}^{n} x_{1i} x_{pi} \\ \vdots & \vdots & \vdots & \vdots \\ \sum\limits_{i=1}^{n} x_{pi} & \sum\limits_{i=1}^{n} x_{pi} x_{1i} & \cdots & \sum\limits_{i=1}^{n} x_{pi}^2 \end{pmatrix}$$

$$X'Y = \begin{pmatrix} 1 & 1 & \cdots & 1 \\ x_{11} & x_{12} & \cdots & x_{1n} \\ \vdots & \vdots & \vdots & \vdots \\ x_{p1} & x_{p2} & \cdots & x_{pn} \end{pmatrix} \begin{pmatrix} y_1 \\ y_2 \\ \vdots \\ y_n \end{pmatrix} = \begin{pmatrix} \sum\limits_{i=1}^{n} y_i \\ \sum\limits_{i=1}^{n} x_{1i} y_i \\ \vdots \\ \sum\limits_{i=1}^{n} x_{pi} y_i \end{pmatrix}$$

于是，$XB = Y$ 式可写成 $X'XB = X'Y$，在该式两边左乘 $X'X$ 的逆矩阵

$(X'X)^{-1}$ 得到方程组的解为：

$$B = \begin{bmatrix} b_0 \\ b_1 \\ \vdots \\ b_p \end{bmatrix} = (X'X)^{-1}X'Y \tag{3-7}$$

这就得到了回归模型。这个线性回归模型是否刻画了 Y 与 p 个自变量之间的函数关系，还需要对已求的回归方程进行显著性检验。

即 H_0：$b_1 = b_2 = \cdots = b_p = 0$，$H_1$：$b_1 = b_2 = \cdots = b_p$ 不全为零的检验问题。

令 $\overline{y} = \dfrac{1}{n} \sum_{i=1}^{n} y_i$，考虑如下离差平方和：

$$SS_T = \sum_{i=1}^{n}(y_i - \overline{y})^2 = \sum_{i=1}^{n}\left[(y_i - \hat{y}_i) + (\hat{y}_i - \overline{y})\right]^2$$
$$= \sum_{i=1}^{n}(y_i - \hat{y}_i)^2 + \sum_{i=1}^{n}(\hat{y}_i - \overline{y})^2 = SS_R + SS_E$$

其中，$SS_R = \sum_{i=1}^{n}(\hat{y}_i - \overline{y})^2$，$SS_E = \sum_{i=1}^{n}(y_i - \hat{y}_i)^2$。

检验结果见表 3-12。

方差分析表

表 3-12

方差来源	自由度	平方和	均方	F 值	显著性
回归	p	SS_R	$MS_R = SS_R/p$		
误差	$n-p-1$	SS_E	$MS_E = SS_E/(n-p-1)$	$F = MS_R/MS_E$	$F_\alpha(p, n-p-1)$
总和	$n-1$	SS_T			

当假设检验 H_0 成立时，统计量 $F \sim F_\alpha(p, n-p-1)$。若 α 给定，则可以查 F 分布表的临界值 $F_\alpha(p, n-p-1)$，在显著水平 α 下否定原假设 H_0，即可认为线性回归方程有显著意义；若 $F \leqslant F_\alpha(p, n-p-1)$，则显著水平 α 下接受假设 H_0，认为回归方程没有显著意义。

3.6.2 掺海砂混凝土氯离子扩散指标的回归分析

根据上述的回归分析理论可知，这里试验次数 $n=16$，取因素数 $q=3$，分别为水灰比、养护时间以及单方用水量（砂的种类为非数值型的因素，本次讨论不列入回归因素）。现要用最小二乘法求出三元线性回归方程：

$$Y = b_0 + b_1 X_1 + b_2 X_2 + b_3 X_3 \tag{3-8}$$

式中的系数 b_0，b_1，b_2，b_3 根据上节的理论可推出正规方程组为：

$$nb_0 + b_1 \sum_{i=1}^{16} x_{1i} + b_2 \sum_{i=1}^{16} x_{2i} + b_3 \sum_{i=1}^{16} x_{3i} = \sum_{i=1}^{16} y_i$$

$$b_0 \sum_{i=1}^{16} x_{1i} + b_1 \sum_{i=1}^{16} x_{1i}^2 + b_2 \sum_{i=1}^{16} x_{1i}x_{2i} + b_3 \sum_{i=1}^{16} x_{1i}x_{3i} = \sum_{i=1}^{16} x_{1i}y_i$$

$$b_0 \sum_{i=1}^{16} x_{2i} + b_1 \sum_{i=1}^{16} x_{1i}x_{2i} + b_2 \sum_{i=1}^{16} x_{2i}^2 + b_3 \sum_{i=1}^{16} x_{2i}x_{3i} = \sum_{i=1}^{16} x_{2i}y_i$$

$$b_0 \sum_{i=1}^{16} x_{3i} + b_1 \sum_{i=1}^{16} x_{1i}x_{3i} + b_2 \sum_{i=1}^{16} x_{2i}x_{3i} + b_3 \sum_{i=1}^{16} x_{3i}^2 = \sum_{i=1}^{16} x_{3i}y_i$$

（3-9）

对上式中所需的数据进行整理计算，如表 3-13 所示。

数据计算表　　　　　　　　　　表 3-13

No.	x_1	x_2	x_3	y	y^2	x_1^2	x_2^2	x_3^2	x_1x_2	x_2x_3	x_1x_3	x_1y	x_2y	x_3y
1	0.45	30	185	3.05	9.3025	0.2025	900	34225	13.5	5550	83.25	1.3725	91.5	564.25
2	0.50	80	195	3.79	14.3641	0.25	6400	38025	40	15600	97.5	1.895	303.2	739.05
3	0.55	130	205	3.18	10.1124	0.3025	16900	42025	71.5	26650	112.75	1.749	413.4	651.9
4	0.60	180	215	3.5	12.25	0.36	32400	46225	108	38700	129	2.1	630	752.5
5	0.45	80	205	4.02	16.1604	0.2025	6400	42025	36	16400	92.25	1.809	321.6	824.1
6	0.50	30	215	4.5	20.25	0.25	900	46225	15	6450	107.5	2.25	135	967.5
7	0.55	180	185	3.02	9.1204	0.3025	32400	34225	99	33300	101.75	1.661	543.6	558.7
8	0.60	130	195	4.57	20.8849	0.36	16900	38025	78	25350	117	2.742	594.1	891.15
9	0.45	130	215	3.34	11.1556	0.2025	16900	46225	58.5	27950	96.75	1.503	434.2	718.1
10	0.50	180	205	2.45	6.0025	0.25	32400	42025	90	36900	102.5	1.225	441	502.25
11	0.55	30	195	3.49	12.1801	0.3025	900	38025	16.5	5850	107.25	1.9195	104.7	680.55
12	0.60	80	185	3.65	13.3225	0.36	6400	34225	48	14800	111	2.19	292	675.25
13	0.45	180	195	3.44	11.8336	0.2025	32400	38025	81	35100	87.75	1.548	619.2	670.8
14	0.50	130	215	3.27	10.6929	0.25	16900	46225	65	27950	107.5	1.635	425.1	703.05
15	0.55	80	185	4.75	22.5625	0.3025	6400	34225	44	14800	101.75	2.6125	380	878.75
16	0.60	30	195	4.7	22.09	0.36	900	38025	18	5850	117	2.82	141	916.5
$\sum_{i=1}^{16}$	8.4	1680	3190	58.72	222.28	4.46	226400	638000	882	337200	1672.5	31.03	5869.6	11694.4

将表 3-13 中的有关数据代入式（3-9），可得如下方程：

$$\begin{cases} 16b_0 + 8.4b_1 + 1680b_2 + 3190b_3 = 58.72 \\ 8.4b_0 + 4.46b_1 + 882b_2 + 1672.5b_3 = 31.03 \\ 1680b_0 + 882b_1 + 226400b_2 + 337200b_3 = 5869.6 \\ 3190b_0 + 1672.5b_1 + 337200b_2 + 638000b_3 = 11694.4 \end{cases}$$

解之得：

73

$$\begin{Bmatrix} b_0 \\ b_1 \\ b_2 \\ b_3 \end{Bmatrix} = \begin{Bmatrix} 1.0117 \\ 4.2789 \\ -0.0062 \\ 0.0053 \end{Bmatrix}$$

于是三元线性回归方程为：

$$Y = 1.0117 + 4.2789X_1 - 0.0062X_2 + 0.0053X_3$$

3.6.3 方差分析和回归方程检验

根据前面所述的知识，可以计算样品值与回归值及残差对应表，如表 3-14 所示。

回归值与残差值　　　　　　　　　　　　　　　　表 3-14

编号	试验值 Y	回归值 $\hat{Y}$	残差	残差 SS_E	回归 SS_R	离差 SS_T
H11	3.05	3.731705	−0.68171	0.464722	0.3844	0.849122
H22	3.79	3.68865	0.10135	0.010272	0.0144	0.024672
H33	3.18	3.645595	−0.4656	0.216779	0.2401	0.456879
H44	3.5	3.60254	−0.10254	0.010514	0.0289	0.039414
HP13	4.02	3.527705	0.492295	0.242354	0.1225	0.364854
HP24	4.5	4.10465	0.39535	0.156302	0.6889	0.845202
HP31	3.02	3.229595	−0.2096	0.04393	0.4225	0.46643
HP42	4.57	3.80654	0.76346	0.582871	0.81	1.392871
D14	3.34	3.270705	0.069295	0.004802	0.1089	0.113702
D23	2.45	3.12165	−0.67165	0.451114	1.4884	1.939514
D32	3.49	4.212595	−0.7226	0.522144	0.0324	0.554544
D41	3.65	4.06354	−0.41354	0.171015	0.0004	0.171415
P12	3.44	2.854705	0.585295	0.34257	0.0529	0.39547
P21	3.27	3.48465	−0.21465	0.046075	0.16	0.206075
P34	4.75	3.849595	0.900405	0.810729	1.1664	1.977129
P43	4.7	4.42654	0.27346	0.07478	1.0609	1.13568
综合				4.1510	6.782	10.9330

利用方差分析知识，可得回归方差分析表，如表 3-15 所示。

方差分析表　　　　　　　　　　　　　　　　表 3-15

方差来源	自由度	平方和	均方	F 值	显著性
回归	3	4.1510	1.3837	2.4482	对于 $\alpha = 0.001$ 的显著
误差	12	6.782	0.5652		
总和	15	10.9330			18.36

假设检验：设备各因素为相互独立随机变量。检验假设：

H_0：$a = b_1 = b_2 = b_3 = 0$；H_1：H_0 不真；检验统计量：

$$F = \frac{SS_R/s}{SS_E/(n-s-1)} = \frac{6.782}{4.1510} \times \frac{16-3-1}{3} = 2.4482 > F_{0.10}(3, 12) = 2.165$$

认为回归方程关于 $\alpha = 0.01$ 显著，则指标 y 与因素 x_1、x_2、x_3 之间有较为显著的线性关系，可以认为多元线性回归模型合理。由此，得到高性能化的混凝土氯离子扩散系数经验公式如下：

$$D_{cl} = 1.0117 + 4.2789 \frac{W}{C} - 0.0062T + 0.0053W_0$$

式中　D_{cl}——高性能化的混凝土氯离子扩散系数（$\times 10^{-8} \mathrm{cm}^2/\mathrm{s}$）；

$\dfrac{W}{C}$——水胶比（0.45～0.60）；

W_0——单方用水量（185～215）；

T——标准养护时间（$d < 180d$）。

3.6.4　经验公式的讨论

1. 公式中仅在一定范围内考虑了水灰比、标养时间、单方用水量的影响，实际影响掺海砂混凝土氯离子扩散系数的因素还很多，如砂的种类、水泥的种类、混凝土破损状态、外界环境温湿度等，因素的取值范围也更广，所以此公式并不是万能的。但是，本研究可以给出了研究掺海砂混凝土抗氯离子渗透性的一个思路，对于其他因素及水平的影响，可以用相同的方法将研究中的 3 个因素 4 个水平转变成更多的因素及水平。

2. 国内外许多学者的研究表明，氯离子扩散系数与水灰比及单方用水量基本呈线性关系，根据试验结果，本研究中也假设为线性模型。实际工程中考虑时间的影响多是自然时间，比如，Mangat 考虑氯离子扩散系数与时间的效应为 $D = D_i t^{-m}$，m 为经验常数，一般取 0.64，国内好多学者在考虑氯离子扩散系数时效时一般也是与时间成幂函数关系。但是，本研究中，为了缩短研究时间，给研究带来方便，采用的是标准养护时间，由于胶凝材料本身特性，混凝土在标准养护环境下前几个月内仍能保持较大的水化速度。试验结果也表明，混凝土氯离子扩散系数在设计时间内与标养时间基本上呈线性关系。因此，在回归分析中，氯离子扩散系数与标养时间之间的关系也假设为线性关系。所以本公式在实际工程中的应用会有一定的局限性，但可以将实际时间转化为相当程度的标养时间带入公式计算。

3. 从公式可以看出：水灰比和单方用水量的系数为正，标养时间的系数为负。当考虑某个因素影响时，其他两个因素固定，则混凝土氯离子扩散系数随水灰比和单方用水量的增大而增大，随标养时间的增大而减小。这也与前面直观分析及方差分析结果相一致。

4.对公式的因素主次分析中，认为单方用水量对氯离子扩散系数的影响要高于水灰比，这其中一方面的原因是试验水灰比所取水平的间距较小所致。若水灰比与单方用水量取相同的差值，水灰比对混凝土氯离子扩散系数的影响可能会高于单方用水量的影响，对此还需进一步的试验研究。

3.7　本章小结

通过本章研究可以得到如下结论：

1.较高的水灰比、单方用水量以及采用海砂，均可改善混凝土拌合物的工作性能。而工作性能的提高，又有助于混凝土强度以及耐久性能的改善。

2.水灰比是决定混凝土立方体抗压强度的主要因素；同时由于水泥的水化反应速度缓慢，养护时间对混凝土后期强度的提高作用也非常显著。海砂以及淡化海砂由于其含泥量以及泥块含量显著低于普通河砂，其抗压强度较河砂有所提高，但提高的幅度有限。

3.在试验因素水平所取范围内，标养时间、砂的种类、单方用水量以及水灰比对掺海砂混凝土氯离子扩散系数的影响均非常显著。混凝土氯离子扩散系数随水灰比的增大而增大；随单方用水量的减小而减小；随标养时间的变长而减小。即，水灰比越小、单方用水量越少、养护时间越长，掺海砂混凝土抗氯离子渗透性越强，耐久性越高。

4.水灰比在 $0.45 \sim 0.60$ 范围内变化时，单方用水量对降低掺海砂混凝土氯离子扩散系数的显著性要高于水灰比。

5.通过数学回归建立了较为合理的高性能化的混凝土氯离子扩散系数预测模型，即：$D_{cl} = 1.0117 + 4.2789 \dfrac{W}{C} - 0.0062T + 0.0053W_0$。如果在本试验的基本条件下（即水灰比 $0.45 \sim 0.60$；养护时间 $30 \sim 180d$；单方用水量 $185 \sim 205kg$）知道混凝土的水灰比、单方用水量及养护时间，可以预测其氯离子扩散系数，也可以用来评价其渗透性，这给混凝土耐久性设计提供一定的参考依据。

第4章

高性能化海砂混凝土材料的基本工作、力学及耐久性能试验研究

当前国内外大量研究和生产应用的高性能混凝土，均属于高强高性能混凝土，其特点之一就是具有较小的水灰比（水灰比不大于0.38），因此强度通常都在C60以上。但是，目前国内外大量使用的还是普通强度的混凝土。全世界混凝土的浇筑量约30亿 m^3，中国大陆占45%，中国大陆混凝土年产量约13亿 m^3，其中大约95%以上属C20~C40强度等级的普通混凝土，其使用寿命一般为40~50年。[70] 如何使这些混凝土获得高性能、高耐久性，使用寿命由原来的40~50年提高到70~80年，这对节省资源、能源以及资金均有重大的意义，而且也可以减少混凝土过早毁坏而带来的环境问题。

从材料的层次看，混凝土的耐久性主要受其组成成分、内部结构及性能的制约。本章从研究与分析普通混凝土结构形成入手，合理调节各组分，掺入矿物质复合超细粉，使普通的海砂混凝土获得高性能与高耐久性，并对海砂高性能化混凝土的工作、力学性能和耐久性展开一定的试验研究和计算分析。

4.1 试验方案设计

4.1.1 试验参数的选取

1.影响因素及水平的选取

1）水胶比：鉴于普通混凝土的水胶比通常在0.4以上，另外本试验采用的水泥为42.5级，属较高等级的水泥，且考虑到工作性及造价等问题，水胶比不宜过低。所以本研究选用的水胶比的范围取在0.45~0.60之间。

2）细骨料的种类：本试验的细骨料分为海砂、淡化海砂、普通河砂三种。为了更为细致地研究细骨料种类对混凝土材料性能造成的影响，本研究采用了海砂、海砂河砂各占一半、淡化海砂、河砂四个水平。

3）掺合料掺量：为了使普通混凝土高性能化，提高其强度和耐久性，降低造价，在普通混凝土中掺入粉煤灰、矿粉等矿物掺合料，通过查阅大量的资料发

现，目前在普通混凝土中，对用普通硅酸盐水泥配置的有抗渗要求的混凝土取代率一般不超过 40%，所以本研究取矿物掺合料的掺量为 0～45%。

4）掺合料的种类：为充分发挥矿物掺合料的超叠加效应，综合考虑各种因素，本书采用的掺合料为粉煤灰与矿粉按照一定比例配制而成的复合矿物超细粉，分别为 C1、C2、C3 和 C4 四个种类。

5）养护时间：对于掺入矿物掺合料的混凝土，随着养护时间的增加，矿物掺合料的作用才能逐渐发挥出来，从而达到优化混凝土材料微观结构，提高混凝土后期强度以及改善混凝土耐久性能的目的。本研究的养护时间分别取为 30d、80d、130d 和 180d。

2.性能指标的选取

为了保持与第 3 章的一致性、可比性，本章分别选择坍落度作为衡量海砂混凝土工作性能的指标；选择立方体抗压强度作为衡量海砂混凝土力学性能的指标；选择氯离子的扩散系数作为耐久性的评价指标。

4.1.2 试验方案的确定

通过以上的分析比较，本章研究的重点放在砂的种类、水灰比、掺合料的掺量及种类、养护时间这几个因素在各自范围内的变化，对高性能化的海砂混凝土工作、力学和耐久性指标的影响上。采用正交试验的途径，比较各因素影响的主次关系及影响效果，得出使普通海砂混凝土高性能化的方法，为沿海地区海砂混凝土结构的耐久性研究提供一定依据。同时，根据正交试验结果，采用多元回归的方法，得出混凝土各性能指标随掺合料掺量、水灰比等因素变化的经验公式。为近海环境下钢筋混凝土建筑的耐久性设计，主要是为混凝土配方设计提供参考依据。另外对海砂混凝土强度与渗透性之间的关系进行初步探讨。

根据所选的试验因素和水平，本试验选取正交设计表 L_{16}（4^5）。

正交表是利用"均衡分散性"与"整齐可比性"这两条正交性原理，从大量的试验点中挑选出适量具有代表性的试验点，制成有规律排列的表格。每个正交表有一个代号 L_n（q^m），其含义如下：

L：表示正交表；

n：试验总数；

q：因素的水平数；

m：表的列数，表示最多能容纳因素个数。

本试验考虑了五个因素，每个因素有四个水平，因素和水平的详细情况见表 4-1。

由表 4-1 列出正交试验表，见表 4-2。

试验因素和水平　　　　　　　　表 4-1

水平(i) ＼ 因素(j)	砂的种类	水灰比	养护时间	掺合料掺量	掺合料种类
1	海砂	0.45	30d	0%	复合超细粉 1
2	50%海砂,50%河砂	0.50	80d	15%	复合超细粉 2
3	淡化海砂	0.55	130d	30%	复合超细粉 3
4	普通河砂	0.60	180d	45%	复合超细粉 4

正交试验表　　　　　　　　表 4-2

砂的种类	水灰比	养护时间	掺合料掺量	掺合料种类	试件编号
海砂	0.45	30d	0%	复合超细粉 1	H11C1
	0.50	80d	15%	复合超细粉 2	H22C2
	0.55	130d	30%	复合超细粉 3	H33C3
	0.60	180d	45%	复合超细粉 4	H44C4
50%海砂,50%河砂	0.45	80d	30%	复合超细粉 4	HP13C4
	0.50	30d	45%	复合超细粉 3	HP24C3
	0.55	180d	0%	复合超细粉 2	HP31C2
	0.60	130d	15%	复合超细粉 1	HP42C1
淡化海砂	0.45	130d	45%	复合超细粉 2	D14C2
	0.50	180d	30%	复合超细粉 1	D23C1
	0.55	30d	15%	复合超细粉 4	D32C4
	0.60	80d	0%	复合超细粉 3	D41C3
普通河砂	0.45	180d	15%	复合超细粉 3	P12C3
	0.50	130d	0%	复合超细粉 4	P21C4
	0.55	80d	45%	复合超细粉 1	P34C1
	0.60	30d	30%	复合超细粉 2	P43C2

注：试件编号的大写字母 P、H、D 分别代表砂的种类为普通河砂、海砂和淡化海砂；编号的第一个
　　阿拉伯数字代表水灰比，第二个阿拉伯数字代表掺合料掺量的水平；编号的大写字母 C1～C4 分
　　别代表掺入的复合超细粉的种类。

4.2　试验配合比确定

4.2.1　配合比设计方法

在上一节试验参数选取中，已将水灰比作为衡量混凝土各个性能指标的一个

影响因素进行考虑，并赋予了 4 个水平。为了保证试验的结果更具可比性，这里将砂率和单方用水量这两个参数取为定值。

根据配合比手册中的经验配比，同时考虑到混凝土应具有良好的工作性能，取砂率为 35％，单方用水量为 205kg。

此外，与配置普通混凝土不同的是，本试验掺入了一定量的矿物掺合料，其掺用的方法一般可以分为三种：

1. 等量取代法

以等重量的矿物掺合料取代混凝土中的水泥。

2. 超量取代法

矿物掺合料的掺入量超过其取代水泥的重量，超量的部分取代一部分细骨料。其目的是增加混凝土中胶凝材料的用量，以补偿由于粉煤灰取代水泥而造成的强度降低。

3. 外加法

外加法是指在保持混凝土水泥用量不变的情况下，外掺一定数量的粉煤灰，其目的是为了改善混凝土拌合物的和易性。

4.2.2 试验配合比

根据选用的正交设计表，对应相关的因素、水平以及选定的参数，计算出每一组试验的混凝土配合比，如表 4-3 所示。

海砂混凝土试验配比表 　　　　　　　　　　　　　　　　　　　表 4-3

试件编号	砂类	水灰比	砂率	掺合料掺量	掺合料种类	水泥/掺料（kg/m³）	砂子（kg/m³）	石子（kg/m³）	单方用水
H11C1	海砂	0.45	35％	0％	复合超细粉1	456	609	1130	205
H22C2	海砂	0.50	35％	15％	复合超细粉2	328/82	625	1160	205
H33C3	海砂	0.55	35％	30％	复合超细粉3	261/112	638	1184	205
H44C4	海砂	0.60	35％	45％	复合超细粉4	205/137	649	1204	205
HP13C4	海、河砂	0.45	35％	30％	复合超细粉4	319/137	609	1130	205
HP24C3	海、河砂	0.50	35％	45％	复合超细粉3	246/164	625	1160	205
HP31C2	海、河砂	0.55	35％	0％	复合超细粉2	373	638	1184	205
HP42C1	海、河砂	0.60	35％	15％	复合超细粉1	274/68	649	1204	205
D14C2	淡化海砂	0.45	35％	45％	复合超细粉2	274/182	609	1130	205
D23C1	淡化海砂	0.50	35％	30％	复合超细粉1	287/123	625	1160	205
D32C4	淡化海砂	0.55	35％	15％	复合超细粉4	298/75	638	1184	205
D41C3	淡化海砂	0.60	35％	0％	复合超细粉3	342	649	1204	205

续表

试件编号	砂类	水灰比	砂率	掺合料掺量	掺合料种类	水泥/掺料（kg/m³）	砂子（kg/m³）	石子（kg/m³）	单方用水
P12C3	普通河砂	0.45	35%	15%	复合超细粉3	365/91	609	1130	205
P21C4	普通河砂	0.50	35%	0%	复合超细粉4	410	625	1160	205
P34C1	普通河砂	0.55	35%	45%	复合超细粉1	224/149	638	1184	205
P43C2	普通河砂	0.60	35%	30%	复合超细粉2	239/103	649	1204	205

本试验为使结果数据便于比较，均采用等量取代的方法。

4.3　高性能化海砂混凝土材料工作性能试验研究

4.3.1　混凝土拌合程序

为保证拌合物质量，本试验采用人工搅拌的方法。首先将水泥、矿物掺合料、细骨料搅拌均匀，然后加入 70% 的水，拌合均匀后同时加入粗骨料和剩下的水，搅拌均匀后取出，进行工作性能的试验。流程图如图 4-1 所示。

图 4-1　混凝土投料搅拌流程图

4.3.2　混凝土拌合物试验方法

混凝土坍落度按照《普通混凝土拌合物性能试验方法标准》GB/T 50080—2002 进行。

4.3.3　试验结果

通过试验，得到如表 4-4 所示的试验结果。

混凝土拌合物坍落度试验结果及分析 表 4-4

因素 试件编号	砂的种类 A	水灰比 B	掺合料掺量 D	掺合料种类 E	坍落度 （mm）
H11C1	海砂	0.45	0%	复合超细粉1	70
H22C2	海砂	0.50	15%	复合超细粉2	205

续表

因素 试件编号	砂的种类 A	水灰比 B	掺合料掺量 D	掺合料种类 E	坍落度 （mm）
H33C3	海砂	0.55	30%	复合超细粉3	185
H44C4	海砂	0.60	45%	复合超细粉4	160
HP13C4	海、河砂	0.45	30%	复合超细粉4	20
HP24C3	海、河砂	0.50	45%	复合超细粉3	75
HP31C2	海、河砂	0.55	0%	复合超细粉2	100
HP42C1	海、河砂	0.60	15%	复合超细粉1	235
D14C2	淡化海砂	0.45	45%	复合超细粉2	85
D23C1	淡化海砂	0.50	30%	复合超细粉1	175
D32C4	淡化海砂	0.55	15%	复合超细粉4	75
D41C3	淡化海砂	0.60	0%	复合超细粉3	170
P12C3	普通河砂	0.45	15%	复合超细粉3	25
P21C4	普通河砂	0.50	0%	复合超细粉4	40
P34C1	普通河砂	0.55	45%	复合超细粉1	200
P43C2	普通河砂	0.60	30%	复合超细粉2	170
K_1	620	200	380	680	
K_2	430	495	540	560	
K_3	505	560	550	455	
K_4	435	735	520	295	
k_1	155.0	50.0	95.0	170.0	
k_2	107.5	123.75	135.0	140.0	
k_3	126.25	140.0	137.5	113.75	
k_4	108.75	183.75	130.0	73.75	
R	47.5	133.75	42.5	96.25	
因素主→次	$BEAD$				
优选方案	$B_4 E_1 A_1 D_3$				

4.3.4 结果分析

1. 直观分析

试验结果的直观分析见表 4-8。表 4-8 各列的下方，分别算出了各水平相应的四次混凝土拌合物坍落度之和 K_1、K_2、K_3、K_4 和平均坍落度 k_1、k_2、k_3、k_4 及其极差 R。以第一列为例，其计算方法如下：

对第一列（因素 A：砂的种类）K_i 和 k_i 值（单位：mm）：

$K_1 = 70 + 205 + 185 + 160 = 620$（H11C1、H22C2、H33C3、H44C4 试验值之和）；

$K_2 = 20 + 75 + 100 + 235 = 430$（HP13C4、HP24C3、HP31C2、HP42C1 试验值之和）；

$K_3 = 85 + 175 + 75 + 170 = 505$（D14C2、D23C1、D32C4、D41C3 试验值之和）；

$K_4 = 25 + 40 + 200 + 170 = 435$（P12C3、P21C4、P34C1、P43C2 试验值之和）。

$k_1 = K_1/4 = 620/4 = 155$；$k_2 = K_2/4 = 430/4 = 107.5$；$k_3 = K_3/4 = 505/4 = 126.25$；$k_4 = K_4/4 = 435/4 = 108.75$。其他各列的 K_i、k_i 值计算方法与第一列相同。

各列的极差 $R = \max\{k_1 \quad k_2 \quad k_3 \quad k_4\} - \min\{k_1 \quad k_2 \quad k_3 \quad k_4\}$。例如，第一列 $R = 155.0 - 107.5 = 47.5$。其他各列的计算方法与第一列相同。

1）由试验结果列表的直观判断

从表 4-4 的试验结果中可以发现，HP42C1 的混凝土拌合物工作性最优，其相应的因素水平组合为 $A_2 B_4 D_2 E_1$，即砂的种类为掺 50% 河砂的海砂，水胶比为 0.60，掺合料的掺量为 15%，掺合料的种类为 C1。通过直观判断并不能说明其就是最佳的方案，为得到更为可靠的结论还需进行进一步的分析。

2）由级差确定因素的主次顺序

一般说来，各列的级差是不相等的，这说明各因素的水平改变对试验结果的影响是不相同的，级差越大，表示该列因素的数值在试验范围内的变化，会导致试验指标在数值上有更大的变化，所以级差最大的那一列，就是因素水平对试验结果影响最大的因素，也就是最主要的因素。在本次试验中，由于 $R_B > R_E > R_A > R_D$，所以各因素从主到次的顺序为：B（水灰比），E（掺合料种类），A（砂的种类），D（掺合料掺量）。

3）优选方案的确定

优选方案是指在所做的试验范围内，各因素较优的水平组合。各因素优选水平的确定与试验指标有关，若指标越大越好，则应选取使指标大的水平，即各列 K_i（或 k_i）中最大的那个值对应的水平；反之，若指标越小越好，则应选取使指标小的那个水平。

在本次试验中，试验指标是混凝土的坍落度，指标越大说明其流动性越好，即工作性更佳，所以应挑选每个因素 K_1、K_2、K_3、K_4 中最大的值对应的那个水平，由于：

A 因素列：$K_1 > K_3 > K_4 > K_2$；

B 因素列：$K_4 > K_3 > K_2 > K_1$；

D 因素列：$K_3 > K_2 > K_4 > K_1$；

E 因素列：$K_1 > K_2 > K_3 > K_4$；

所以优选方案为 $A_1 B_4 D_3 E_1$，即砂的种类为海砂，水胶比为 0.60，掺合料的掺量为 30%，掺合料的种类为 C1。

4）进行试验验证，作进一步的分析

上述优选方案是通过理论分析得到的，但它实际上是不是真正的优选方案还需作进一步的验证。首先，将优选方案 $A_1 B_4 D_3 E_1$ 与正交表中最好的试验方案 $A_2 B_4 D_2 E_2$ 作对比试验，若方案 $A_1 B_4 D_3 E_1$ 比方案 $A_2 B_4 D_2 E_2$ 的试验结果更好，通常就可以认为 $A_1 B_4 D_3 E_1$ 是真正的优选方案，否则 $A_2 B_4 D_2 E_2$ 就是所需的最优方案。若出现后一种情况，一般说来是没有考虑交互作用或者试验误差较大所引起的，需要做进一步的研究。

优选方案是在给定的因素和水平的条件下得到的，若不限定给定的水平，有可能得到更好的试验方案，所以当所选的因素和水平不恰当时，该优选方案也有可能达不到试验的目的，不是真正意义上的优方案，这时就应该对所选的因素和水平进行适当调整，以找到新的更优方案。我们可以将因素水平作为横坐标，以它的试验指标的平均值 k_i 为纵坐标，画出因素与指标的趋势图 4-2。

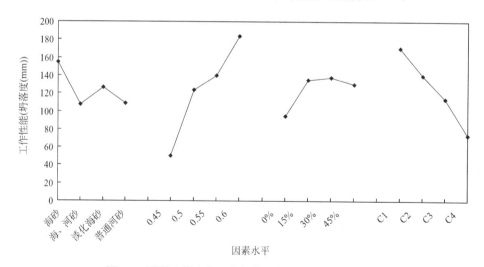

图 4-2　混凝土拌合物工作性能指标与因素水平趋势图

从图 4-2 中也可以看出，当砂的种类 $A_1 =$ 海砂，水胶比 $B_4 = 0.6$，掺合料掺量 $D_3 = 30\%$，掺合料种类 $E_1 =$ C1 时，混凝土拌合物的工作性能最好，即最优方案为 $A_1 B_4 D_3 E_1$。从趋势图中还可以看到：使用海砂以及淡化海砂的混凝土拌合物工作性能优于使用普通河砂的，通过前一章节的原材料分析，可以初步认为是海砂的表面结构比河砂更加光滑所致。由于其级差较小，所以该因素对工作性的改善效果并不显著。另外，趋势图还显示，掺合料的掺量并不是越大越好，当掺量大于 30% 后，其坍落度反而随掺量的增加而减少，由于其减少的幅度较小，还需对此进行进一步的试验验证。通过级差分析我们知道，掺合料的种类对混凝土拌合物工作性能的影响仅次于水胶比，且掺合料 1 对工作性的提高贡献最大，通过分析可以认为这主要是由于掺合料 1 中粉煤灰的含量较大所致，粉煤灰中所含的球状微珠的数量和形态均优于矿粉，故其形态效应优于矿粉的形态效应。

2. 方差分析

在试验中所选的因素，不一定对响应都有显著的影响，需要进行统计的假设检验，检验因素对指标的变化是否有显著的影响。例如：对于因素 A 砂的种类，检验其对混凝土拌合物坍落度的影响就是检验：

H_0^A：$a_1 = a_2 = a_3 = a_4 = 0$，$H_1^A$：$a_1$，$a_2$，$a_3$，$a_4$ 不全为零。

总平方和 $SS_T = \sum_{i=1}^{16}(y_i - \overline{y})^2 = 73993.75$，$\overline{y} = \frac{1}{16}\sum_{i=1}^{16} y_i = 124.375$。因素 A 水胶比的平方和是它们的 4 个均值（参见表 3-8 中的 $k_1 \sim k_4$ 行）k_1^A，k_2^A，k_3^A，k_4^A 的离差平方和乘以 4，因为每个均值是由 4 次试验的结果平均而得，即：

$$SS_A = 4\big[(k_1^A - \overline{y})^2 + (k_2^A - \overline{y})^2 + (k_3^A - \overline{y})^2 + (k_4^A - \overline{y})^2\big]$$
$$= 4\big[(155 - 124.375)^2 + (107.5 - 124.375)^2 + (126.25 - 124.375)^2$$
$$+ (108.75 - 124.375)^2\big]$$
$$= 5881.25$$

类似的，由因素 B 水胶比、因素 D 掺合料掺量以及因素 E 掺合料种类的均值可算得 $SS_B = 37206.250$，$SS_D = 4718.750$，$SS_E = 20006.250$。误差平方和：

$$SS_F = SS_T - SS_A - SS_B - SS_D - SS_E$$
$$= 73993.75 - 5881.25 - 37206.25 - 4718.75 - 20006.25 = 6181.250$$

确定自由度的规则如下：因素的自由度为它们的水平数减 1，总平方和的自由度为总试验次数减 1。

在实际应用中，常常先计算出各列的平均平方和 MS_i，当 MS_i 比误差列的平均平方和 MS_F 还小时，SS_i 就可以当作误差平方和，并入 SS_F 中去，这样使误差的自由度增大，从而在做 F-检验时会更灵敏。将全部可以当作误差的 SS_i 都并入 SS_F 后得到新的误差平方和 SS_F'，相应的自由度 f_i 也并入 f_E 而得到 f_E'，然后再对其他的 SS_j 用 F-做检验。本试验的 D 因素列（掺合料掺量）的平均平方和 MS_D 小于误差列的平均平方和 MS_F，故将其并入误差进行处理。于是获得方差分析表 4-5。

试验结果方差分析表

表 4-5

因素	偏差平方和	自由度	均方	F	临界值
砂的种类 A	$SS_A=5881.250$	$f_A=3$	1960.42	$F_A=1.078$	$F_{0.025}(3,6)=6.60$
水胶比 B	$SS_B=37206.250$	$f_B=3$	12402.08	$F_B=6.827$	$F_{0.05}(3,6)=4.76$
掺合料掺量 D	$SS_D=4718.75$	$f_D=3$	1572.92	$F_D=0.866$	$F_{0.10}(3,6)=3.29$
掺合料种类 E	$SS_E=20006.250$	$f_E=3$	6668.75	$F_E=3.671$	$F_{0.25}(3,6)=1.78$
误差 F	$SS_F=10900.0$	$f_F=6$	1816.67		

从表中可以看出，$F_B=6.827>F_{0.025}(3,6)=6.60$，表明 B 因素（水胶比）对试验指标在 $\alpha=0.025$ 水平上显著，所以该因素影响高度显著；$F_E=3.671>F_{0.10}(3,6)=3.29$，表明 E 因素（掺合料种类）对试验指标在 $\alpha=0.10$ 水平上显著，所以该因素影响较为显著；$F_A=1.078<F_{0.25}(3,6)=1.78$，说明 A 因素（砂的种类）在 $\alpha=0.25$ 下不显著，所以该因素不显著，即对性能指标看不出影响。

综上所述，在本试验条件下，水胶比和掺合料种类是影响混凝土拌合物工作性能的主要因素，尤其是水胶比，影响最为明显。而砂的种类对混凝土拌合物工作性能的影响并不明显。但是，假设检验理论告之，检验不显著不一定意味着该因素对响应没有影响，可能是试验数目太少或其他原因，使得 F 检验的敏感度较差。比如本试验中可能是砂的种类所取水平太少且过于离散所造成的。

4.4 高性能化海砂混凝土材料力学性能试验研究

4.4.1 混凝土的养护

虽然本章采用的仍然是普通强度等级的海砂混凝土材料，但其中掺入了活性矿物掺合料，其目的是使普通海砂混凝土高性能化。而温、湿度的控制将直接影响到矿物掺合料高性能化的效果以及混凝土后期强度的提高。所以本试验的混凝土试件均放置在标准养护室进行养护，温度控制在 25℃，湿度在 90% 以上。

4.4.2 混凝土抗压强度试验方法

本试验按《普通混凝土力学性能试验方法标准》GB/T 50081—2002 的要求进行。根据试验室条件，试件的尺寸大小设计为 100mm×100mm×100mm，且三个试件为一组。

4.4.3 试验结果

通过试验，得到如表 4-6 所示的试验结果。

混凝土立方体抗压强度试验结果及分析　　　　　表 4-6

因素 试件编号	砂的种类 A	水灰比 B	养护时间 C	掺合料掺量 D	掺合料种类 E	立方体 抗压强度 （MPa）
H11C1	海砂	0.45	30d	0%	复合超细粉1	51.4
H22C2	海砂	0.50	80d	15%	复合超细粉2	48.5
H33C3	海砂	0.55	130d	30%	复合超细粉3	45.9
H44C4	海砂	0.60	180d	45%	复合超细粉4	42
HP13C4	海、河砂	0.45	80d	30%	复合超细粉4	46.2
HP24C3	海、河砂	0.50	30d	45%	复合超细粉3	32.9
HP31C2	海、河砂	0.55	180d	0%	复合超细粉2	48.6
HP42C1	海、河砂	0.60	130d	15%	复合超细粉1	34.6
D14C2	淡化海砂	0.45	130d	45%	复合超细粉2	57.6
D23C1	淡化海砂	0.50	180d	30%	复合超细粉1	51.2
D32C4	淡化海砂	0.55	30d	15%	复合超细粉4	33.4
D41C3	淡化海砂	0.60	80d	0%	复合超细粉3	31.6
P12C3	普通河砂	0.45	180d	15%	复合超细粉3	59.7
P21C4	普通河砂	0.50	130d	0%	复合超细粉4	46
P34C1	普通河砂	0.55	80d	45%	复合超细粉1	22.3
P43C2	普通河砂	0.60	30d	30%	复合超细粉2	21.7
k_1	46.950	53.725	34.850	44.400	39.875	
k_2	40.575	44.650	37.150	44.050	44.100	
k_3	43.450	37.550	46.025	41.250	42.525	
k_4	37.425	32.475	50.375	38.700	41.900	
R	9.525	21.250	15.525	5.700	4.225	
因素主→次	$BCADE$					
优选方案	$A_1 B_1 C_4 D_1 E_2$					

4.4.4　结果分析

1. 直观分析

1）由试验结果列表的直观判断

从表4-6的试验结果中可以发现，P12C3的混凝土立方体抗压强度最高，其相应的因素水平组合为 $A_4 B_1 C_4 D_2 E_3$，即砂的种类为普通河砂，水胶比为0.45，养护时间为180d，掺合料的掺量为15%，掺合料的种类为C3。通过直观判断尚不能确定其就是最佳的方案，要得到更为可靠的结论还需进行进一步的分析。

2）优选方案的确定

在本次试验中，试验指标为混凝土的立方体抗压强度，认为指标越大其力学性能越好，所以应挑选每个因素 k_1、k_2、k_3、k_4 中最大的值对应的那个水平，由于：

A 因素列：$k_1 > k_3 > k_2 > k_4$；

B 因素列：$k_1 > k_2 > k_3 > k_4$；

C 因素列：$k_4 > k_3 > k_2 > k_1$；

D 因素列：$k_1 > k_2 > k_3 > k_4$；

E 因素列：$k_2 > k_3 > k_4 > k_1$；

所以优选方案为 $A_1 B_1 C_4 D_1 E_2$，即砂的种类为海砂，水胶比为 0.45，养护时间为 180d，掺合料的掺量为 0%，掺合料的种类为 C2。与上述的直观判断结果相比较，优选方案在 B 因素（水胶比）、C 因素（养护时间）的水平选择上是一致的。而在 A 因素（砂的种类）、D 因素（掺合料掺量）、E 因素（掺合料种类）的水平选择上有所差别。

3）由级差确定因素的主次顺序

由表 4-6 的级差分析可以看出，在本次试验中 $R_B > R_C > R_A > R_D > R_E$，所以各因素从主到次的顺序为：$B$（水胶比），$C$（养护时间），$A$（砂的种类），$D$（掺合料掺量），$E$（掺合料种类）。其中 B 因素的级差值最大，故水胶比是本次试验中决定强度大小的最主要因素；C 因素级差值次之，说明养护时间对强度提高的影响也十分明显；A、D、E 因素的级差值相对较小，且相差不大，说明它们对混凝土强度指标的影响力较小，且较为接近。这从一个方面也解释了直观判断所得结论与优选方案之间产生差异的原因，即砂的种类、掺合料掺量以及掺合料种类三个因素在本次试验中对混凝土抗压强度的影响可能被误差所掩盖，如欲得到确切的结论还需进一步的试验研究。

4）进行试验验证，作进一步的分析

如上所述，优选方案是通过理论分析得到的，但它实际上是不是真正的优选方案还需作进一步的验证。首先，将优选方案 $A_1 B_1 C_4 D_1 E_2$ 与正交表中直观判断的最佳方案 $A_4 B_1 C_4 D_2 E_3$ 作对比试验，若方案 $A_1 B_1 C_4 D_1 E_2$ 比方案 $A_4 B_1 C_4 D_2 E_3$ 的试验结果更好，通常就可以认为 $A_1 B_1 C_4 D_1 E_2$ 是真正的优选方案，否则 $A_4 B_1 C_4 D_2 E_3$ 就是所需的最优方案。若出现后一种情况，一般说来是没有考虑交互作用或者试验误差较大所引起的，需要做进一步的研究。

同样需要指出的是，上述的优选方案是在给定的因素和水平的条件下得到的，若不限定给定的因素水平，有可能得到更好的试验方案，所以当所选的因素和水平不恰当时，应该对所选的因素和水平进行适当调整，以找到新的更优方案。我们可以将因素水平作为横坐标，以它的试验指标的平均值 k_i 为纵坐标，画出因素与指标的趋势图 4-3。

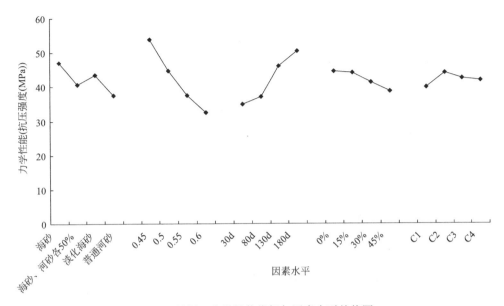

图 4-3　混凝土力学性能指标与因素水平趋势图

从图 4-3 中也可以看出，当砂的种类 A_1＝海砂，水胶比 B_1＝0.45，养护时间 C_4＝180，掺合料掺量 D_1＝0％，掺合料种类 E_2＝C2 时，混凝土的力学性能最好，即最优方案为 $A_1 B_1 C_4 D_1 E_2$。从趋势图中还可以看到：使用海砂以及淡化海砂的混凝土的抗压强度高于普通河砂，根据前一章节的原材料分析，初步认为主要是海砂以及淡化海砂的含泥量和泥块含量显著低于河砂所致，由于该因素的级差值较小，且所取水平较为离散，所以该因素的变化对混凝土抗压强度产生的影响并不显著，欲得到更为确切的结论还需进一步的试验验证。另外，趋势图显示，随着水胶比的减小，混凝土抗压强度得到了提高，变化基本呈线性关系，这与我们一般的认识是一致的；值得注意的是随着后期养护时间的增长，混凝土抗压强度的提高幅度较大，且变化呈线性增长，这说明掺入活性矿物掺合料后，随着时间的推移，混凝土内的二次水化反应不断进行，水化生成物使混凝土内部的微结构得到逐步改善，从而提高了后期的强度。掺合料掺量以及掺合料种类相对于混凝土抗压强度的变化趋势较为平缓，说明矿物掺合料的掺入并未提高混凝土的抗压强度，但也不会显著降低混凝土的强度，由此可以认为，在较大的水胶比（0.45～0.6）且未加任何激发剂的条件下，矿物掺合料对提高混凝土强度的影响很有限，不充分能发挥其微集料效应。

2.方差分析

本次试验的因素列处于饱和状态，由于没有空白列，总偏差平方和 SS_T＝

$\sum\limits_{i=1}^{n} SS_i$，即总偏差平方和等于各个因素的偏差平方和；同理，总偏差平方和的

自由度等于各个因素偏差平方和的自由度，即 $f_T = \sum\limits_{i=1}^{n} f_i$。由于没有误差的平方

和及自由度，所以原则上难以对试验数据进行方差分析。此时，可以采用以下两种方法估计误差平方和及其自由度：

1）当正交表中有一个偏差平方和明显偏小时，可用该偏差平方和作为误差平方和，该偏差平方和及所对应的自由度作为误差平方和的自由度。

2）当正交表中没有一个偏差平方和明显偏小时，可将正交表各因素中几个最小的偏差平方和相加作为误差平方和，将它们所对应的自由度作为误差平方和的自由度。

需要注意的是，当将某一个因素的偏差平方和或将几个因素的偏差平方和相加作为误差平方和之后，对这几个因素不再作进一步的分析。如果一定要分析这几个因素对试验结果影响的显著性，必须进行重复试验，按有重复试验的方差分析法进行分析。

综上所述，本次试验的方差分析过程如下：

$$\overline{y} = \frac{1}{16}\sum_{i=1}^{16} y_i = 42.1, \quad SS_T = \sum_{i=1}^{16} (y_i - \overline{y})^2 = 1984.02$$

$$SS_A = 4\left[(k_1^A - \overline{y})^2 + (k_2^A - \overline{y})^2 + (k_3^A - \overline{y})^2 + (k_4^A - \overline{y})^2\right] = 198.105$$

$$SS_B = 4\left[(k_1^B - \overline{y})^2 + (k_2^B - \overline{y})^2 + (k_3^B - \overline{y})^2 + (k_4^B - \overline{y})^2\right] = 1019.945$$

$$SS_C = 4\left[(k_1^C - \overline{y})^2 + (k_2^C - \overline{y})^2 + (k_3^C - \overline{y})^2 + (k_4^C - \overline{y})^2\right] = 643.785$$

$$SS_D = 4\left[(k_1^D - \overline{y})^2 + (k_2^D - \overline{y})^2 + (k_3^D - \overline{y})^2 + (k_4^D - \overline{y})^2\right] = 85.5$$

$$SS_E = 4\left[(k_1^E - \overline{y})^2 + (k_2^E - \overline{y})^2 + (k_3^E - \overline{y})^2 + (k_4^E - \overline{y})^2\right] = 36.685$$

由于 D 因素与 E 因素的偏差平方和相近，且为最小的两个值，故将 D 因素与 E 因素的偏差平方和作为误差平方和，即：

$SS_F = SS_D + SS_E = 85.5 + 36.685 = 122.185$；且自由度为 6；所以得到方差分析表 4-7。

试验结果方差分析表　　　　　　　　　　　　　　　　　表 4-7

因素	偏差平方和	自由度	均方	F	临界值
砂的种类 A	$SS_A = 198.105$	$f_A = 3$	66.0	$F_A = 3.243$	$F_{0.010}(3,6) = 9.78$
水胶比 B	$SS_B = 1019.945$	$f_B = 3$	339.98	$F_B = 16.695$	$F_{0.025}(3,6) = 6.60$
养护时间 C	$SS_C = 643.785$	$f_C = 3$	214.60	$F_C = 10.538$	$F_{0.05}(3,6) = 4.76$
掺合料掺量 D	$SS_D = 85.500$	$f_D = 3$	28.5	$F_D = 1.400$	$F_{0.10}(3,6) = 3.29$
掺合料种类 E	$SS_E = 36.685$	$f_E = 3$	12.2	$F_E = 0.600$	$F_{0.25}(3,6) = 1.78$
误差 F	$SS_F = 122.19$	$f_F = 6$	40.73		

从表 4-7 中可以看出，$F_B = 16.695 > F_{0.010}$（3，6）＝9.78，表明 B 因素（水胶比）对试验指标在 $\alpha = 0.010$ 水平上显著，所以该因素影响高度显著；$F_C = 10.528 > F_{0.010}$（3，6）＝9.78，表明 C 因素（养护时间）对试验指标在 $\alpha = 0.010$ 水平上显著，所以该因素影响同样高度显著；$F_A = 3.243 > F_{0.25}$（3，6）＝1.78，说明 A 因素（砂的种类）在 $\alpha = 0.25$ 水平上显著，所以该因素有影响。综上所述，在本试验条件下，水胶比和养护时间是影响混凝土抗压强度的主要因素，尤其是水胶比，影响最为显著，因此在配置高性能化海砂混凝土的时候，须严格控制水胶比，以保证其具有足够的强度。此外，还要加强对混凝土的养护，因为养护时间对混凝土后期强度的增长的影响非常大，可以认为这也是海砂混凝土高性能化的一个特点。而砂的种类对混凝土抗压强度有一定影响，不能忽略，通过前面的直观分析可知，海砂及淡化海砂对混凝土强度的影响是积极的，故在力学性能方面，海砂以及淡化海砂的推广应用是可行的。

4.5　高性能化海砂混凝土材料渗透性能试验研究

4.5.1　试件的制作

试验用试件尺寸为 $\phi100mm \times 50mm$，制备时用以 $\phi100mm \times 250mm$ 的 PVC 管为试模，为了保证试件成标准的圆柱体，选用管壁较厚较硬的 PVC 管，并在试模的一端用胶布封住，以免漏浆。成型后除去端面浮浆后切割成 3 块 $\phi100mm \times 50mm$ 试件。

4.5.2　试验方法

本试验采用 NEL 法测定混凝土氯离子扩散系数。

4.5.3　试验结果

通过试验，得到如表 4-8 所示的试验结果。

混凝土抗氯离子渗透性试验结果及分析　　　　　　　　　　表 4-8

因素 试件编号	砂的种类 A	水灰比 B	养护时间 C	掺合料掺量 D	掺合料种类 E	氯离子 扩散系数 （$\times 10^{-8} cm^2/s$）
H11C1	海砂	0.45	30d	0%	复合超细粉1	3.362
H22C2	海砂	0.50	80d	15%	复合超细粉2	2.698

续表

因素 试件编号	砂的种类 A	水灰比 B	养护时间 C	掺合料掺量 D	掺合料种类 E	氯离子 扩散系数 ($\times 10^{-8} \mathrm{cm}^2/\mathrm{s}$)
H33C3	海砂	0.55	130d	30%	复合超细粉3	2.004
H44C4	海砂	0.60	180d	45%	复合超细粉4	2.4
HP13C4	海、河砂	0.45	80d	30%	复合超细粉4	2.286
HP24C3	海、河砂	0.50	30d	45%	复合超细粉3	2.46
HP31C2	海、河砂	0.55	180d	0%	复合超细粉2	3.607
HP42C1	海、河砂	0.60	130d	15%	复合超细粉1	2.15
D14C2	淡化海砂	0.45	130d	45%	复合超细粉2	1.49
D23C1	淡化海砂	0.50	180d	30%	复合超细粉1	1.929
D32C4	淡化海砂	0.55	30d	15%	复合超细粉4	3.201
D41C3	淡化海砂	0.60	80d	0%	复合超细粉3	4.173
P12C3	普通河砂	0.45	180d	15%	复合超细粉3	1.856
P21C4	普通河砂	0.50	130d	0%	复合超细粉4	3.007
P3 4C1	普通河砂	0.55	80d	45%	复合超细粉1	3.338
P43C2	普通河砂	0.60	30d	30%	复合超细粉2	3.347
k_1	2.616	2.248	3.092	3.537	2.695	
k_2	2.626	2.523	3.124	2.476	2.785	
k_3	2.698	3.038	2.163	2.392	2.623	
k_4	2.887	3.017	2.448	2.422	2.724	
R	0.271	0.790	0.961	1.145	0.162	
因素主→次			$D\ C\ B\ A\ E$			
优选方案			$A_1\ B_1\ C_3\ D_3\ E_3$			

4.5.4 结果分析

1. 直观分析

1) 由试验结果列表的直观判断

从表 4-8 的试验结果中可以发现，D14C2 的混凝土氯离子扩散系数最低，即其抵抗氯离子渗透的能力最优。相应的因素水平组合为 $A_3 B_1 C_3 D_4 E_2$，即砂的种类为淡化海砂，水胶比为 0.45，养护时间为 130d，掺合料的掺量为 45%，掺合料的种类为 C2。通过直观判断尚不能确定其就是最佳的方案，要得到更为可靠的结论还需进行进一步的分析。

2）优选方案的确定

在本次试验中，试验指标为混凝土的氯离子扩散系数，因为指标越低其渗透性、耐久性能越好，所以应挑选每个因素 k_1、k_2、k_3、k_4 中最小的值对应的那个水平，由于：

A 因素列：$k_1 < k_2 < k_3 < k_4$；

B 因素列：$k_1 < k_2 < k_4 < k_3$；

C 因素列：$k_3 < k_4 < k_1 < k_2$；

D 因素列：$k_3 < k_4 < k_2 < k_1$；

E 因素列：$k_3 < k_1 < k_4 < k_2$；

所以优选方案为 $A_1 B_1 C_3 D_3 E_3$，即砂的种类为海砂，水胶比为 0.45，养护时间为 130d，掺合料的掺量为 30％，掺合料的种类为 C3。与上述的直观判断结果相比较，优选方案在 B 因素（水灰比）、C 因素（养护时间）的水平选择上是一致的。而在 D 因素（掺合料掺量）、A 因素（砂的种类）、E 因素（掺合料种类）的水平选择上有所差别。

3）由级差确定因素的主次顺序

由表 4-8 的级差分析可以看出，在本次试验中 $R_D > R_C > R_B > R_E > R_A$，所以各因素从主到次的顺序为：$D$（掺合料掺量），$C$（养护时间），$B$（水胶比），$E$（掺合料种类），$A$（砂的种类）。其中 D 因素的级差值最大，故掺合料掺量是本次试验中决定混凝土渗透性高低的最主要因素；C 因素级差值次之，说明养护时间对渗透性改善的影响也十分明显；B 因素再次之，说明对于高性能化的混凝土而言，水胶比与混凝土的渗透性仍然相关，但与其他影响因素相比其影响的程度已大大降低，即高性能化的混凝土渗透性对水胶比的变化较不敏感。E、A 因素的级差值相对较小，且相差不大，说明在本次试验中它们对混凝土抗渗透性指标的影响力较小，且较为接近。这从一个方面可以解释直观判断所得结论与优选方案之间在因素 E 和 A 上产生差异的原因，即砂的种类与掺合料种类这两个因素在本次试验中对混凝土氯离子扩散系数的影响可能被误差所掩盖，如欲得到确切的结论还需进一步的试验研究。

4）进行试验验证，作进一步的分析

综上所述，最优方案是通过理论分析得到的，但它实际上是不是真正的最优方案还需作进一步的验证。首先，将最优方案 $A_1 B_1 C_3 D_3 E_3$ 与正交表中直观判断的最佳方案 $A_3 B_1 C_3 D_4 E_2$ 作对比试验，若方案 $A_1 B_1 C_3 D_3 E_3$ 比方案 $A_3 B_1 C_3 D_4 E_2$ 的试验结果更好，通常就可以认为 $A_1 B_1 C_3 D_3 E_3$ 是真正的最优选方案，否则 $A_3 B_1 C_3 D_4 E_2$ 就是所需的优方案。若出现后一种情况，一般说来是没有考虑交互作用或者试验误差较大所引起的，需要做进一步的研究。

我们将因素水平作为横坐标，以它的试验指标的平均值 k_i 为纵坐标，画出因素与指标的趋势图 4-4。

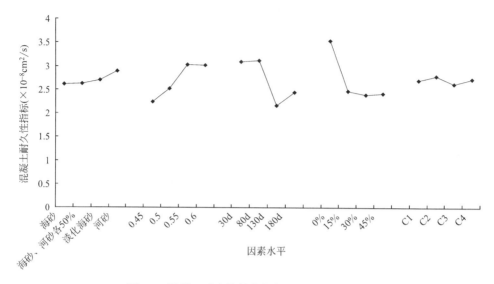

图 4-4　混凝土耐久性能指标与因素水平趋势图

从图 4-4 中也可以看出，当砂的种类 A_1＝海砂，水胶比 B_1＝0.45，养护时间 C_3＝130d，掺合料掺量 D_3＝30%，掺合料种类 E_3＝C3 时，混凝土的力学性能最好，即最优方案为 $A_1 B_1 C_3 D_3 E_3$。从趋势图中还可以看到：使用海砂以及淡化海砂的混凝土的抗氯离子渗透的能力优于普通河砂，分析认为，主要是由于海砂以及淡化海砂的含泥量和泥块含量显著低于河砂，而河砂中的泥颗粒附着在其表面，影响水泥石与骨料之间的胶结能力，损伤界面性能，从而降低混凝土的抗渗性所致。需要指出的是，由于该因素的级差值较小，且所取水平较为离散，所以该因素的变化对混凝土抗渗产生的影响并不显著，欲得到更为确切的结论还需进一步的试验验证。

另外，趋势图显示，随着水胶比的减小，混凝土氯离子扩散系数的总体趋势是降低的，在 0.55～0.45 范围内的变化较大，且基本呈线性关系；而在 0.55～0.60 区间内变化较为平缓。分析认为，在大水胶比（不小于 0.55）的情况下，混凝土的孔隙率大于 25%，此时矿物掺合料对混凝土内部孔结构的改善作用效果大大降低。所以为充分发挥矿物掺合料对混凝土高性能化的作用，强烈建议采用水胶比为 0.55 以下的混凝土。

从趋势图中还发现随着养护时间的增长，混凝土氯离子扩散系数的数值总体趋势是减小的。其中在 80～130d 的范围内变化最为显著，而超过 130d 后变化较为平缓。分析认为，这是由于混凝土中水泥的水化反应是长期的，随着水化程度的提高，水泥石中毛细孔逐渐被新生成的水化物所占据，毛细孔的联通性减弱，从而使得混凝土的渗透系数逐步降低，但是水化反应至一定龄期之后则进行较缓，所以导致后期变化较为缓慢。

由级差分析可知，D 因素（掺合料的掺量）是决定混凝土抗渗指标高低的最主要因素，现结合趋势图对其进行进一步的分析。从趋势图中可以看出，随着掺合料掺量的增加，混凝土氯离子扩散系数的数值总体趋势是降低的。其中在 0％～15％的范围内的变化最为明显，15％～30％范围内的变化程度次之，而在 30％～45％的范围内变化较为平缓，甚至有增大的趋势。由此可见，掺合料的掺入可显著改善混凝土的渗透性和耐久性，使得普通强度的混凝土高性能化。但是，并非掺入的掺合料越多，对混凝土渗透性、耐久性的改善就越好。这里存在一个最佳的掺量，从 0％到最佳掺量的范围内，渗透系数随掺量的增加而降低，超过了最佳掺量则不再显著变化，甚至适得其反。

对于掺合料的种类，由于其变化的幅度较小，效果不显著，须进行进一步的试验研究才能得出有价值的结论。

2.方差分析

本次试验的因素列同样处于饱和状态，由于没有空白列，即没有误差的平方和及自由度，所以在进行方差分析时需要取一个或几个偏差平方和偏小的因素列作为误差列，分析过程如下：

$$\overline{y} = \frac{1}{16}\sum_{i=1}^{16} y_i = 2.707, \quad SS_T = \sum_{i=1}^{16}(y_i - \overline{y})^2 = 8.476$$

$$SS_A = 4\left[(k_1^A - \overline{y})^2 + (k_2^A - \overline{y})^2 + (k_3^A - \overline{y})^2 + (k_4^A - \overline{y})^2\right] = 0.189$$

$$SS_B = 4\left[(k_1^B - \overline{y})^2 + (k_2^B - \overline{y})^2 + (k_3^B - \overline{y})^2 + (k_4^B - \overline{y})^2\right] = 1.798$$

$$SS_C = 4\left[(k_1^C - \overline{y})^2 + (k_2^C - \overline{y})^2 + (k_3^C - \overline{y})^2 + (k_4^C - \overline{y})^2\right] = 2.742$$

$$SS_D = 4\left[(k_1^D - \overline{y})^2 + (k_2^D - \overline{y})^2 + (k_3^D - \overline{y})^2 + (k_4^D - \overline{y})^2\right] = 3.693$$

$$SS_E = 4\left[(k_1^E - \overline{y})^2 + (k_2^E - \overline{y})^2 + (k_3^E - \overline{y})^2 + (k_4^E - \overline{y})^2\right] = 0.054$$

由于 A 因素与 E 因素的偏差平方和相近，且为最小的两个值，故将 A 因素与 E 因素的偏差平方和作为误差平方和，即：

$SS_F = SS_A + SS_E = 0.189 + 0.054 = 0.243$；自由度为 6；所以得到方差分析表 4-9。

试验结果方差分析表　　　　　　　　　　　　　　　　　　　表 4-9

因素	偏差平方和	自由度	均方	F	临界值
砂的种类 A	$SS_A = 0.189$	$f_A = 3$	0.063	$F_A = 1.556$	$F_{0.010}(3,6) = 9.78$
水胶比 B	$SS_B = 1.798$	$f_B = 3$	0.599	$F_B = 14.798$	$F_{0.025}(3,6) = 6.60$
养护时间 C	$SS_C = 2.742$	$f_C = 3$	0.914	$F_C = 22.568$	$F_{0.05}(3,6) = 4.76$

因素	偏差平方和	自由度	均方	F	临界值
掺合料掺量 D	$SS_D=3.693$	$f_D=3$	1.231	$F_D=30.395$	$F_{0.10}(3,6)=3.29$
掺合料种类 E	$SS_E=0.054$	$f_E=3$	0.018	$F_E=0.444$	$F_{0.25}(3,6)=1.78$
误差 F	$SS_F=0.24$	$f_F=6$	0.04		

从表中可以看出，$F_D=30.395>F_{0.010}$（3，6）$=9.78$，表明 D 因素（掺合料掺量）对本试验指标在 $\alpha=0.010$ 水平上显著，所以该因素影响高度显著；$F_C=22.568>F_{0.010}$（3，6）$=9.78$，表明 C 因素（养护时间）对试验指标在 $\alpha=0.010$ 水平上显著，所以该因素影响高度显著；$F_B=14.798>F_{0.010}$（3，6）$=9.78$，说明 B 因素（水胶比）在 $\alpha=0.010$ 水平上显著，所以该因素影响高度显著；综上所述，在本试验条件下，掺合料的掺量、养护时间和水胶比均是影响混凝土抗渗性的主要因素，其中掺合料掺量的影响最为显著，由此可见，使用矿物掺合料配置普通强度的海砂混凝土，使其具有较好的抗渗性和耐久性，即使其高性能化是完全可行的。养护时间对渗透性的影响次之，说明对于掺入矿物掺合料的混凝土而言，随着养护的不断进行，掺合料的火山灰活性逐渐释放出来，产生二次水化作用，其产物改善了混凝土的微结构，提高了混凝土的抗渗能力和耐久性。水胶比对混凝土渗透性的影响同样十分显著，这是因为水胶比的大小直接与混凝土内部孔隙率的多少相关，水胶比增大则相应的孔隙率增加，从而导致混凝土的抗渗性降低。另外，砂的种类以及掺合料的种类对混凝土氯离子扩散系数的影响程度很低，被作为误差进行分析。这也可以认为，高性能化的海砂以及淡化海砂混凝土材料与普通河砂混凝土具有同样的耐久性能，可在建筑工程中进行推广应用。

4.6 高性能化混凝土氯离子扩散系数经验公式的建立

由上述的直观分析以及方差分析可知，高性能化混凝土的氯离子扩散系数受到多个因素的显著影响，因此本节利用多元线性回归的方法，建立氯离子扩散系数与各个显著因素之间的线性方程，并对回归系数和回归方程进行显著性检验，然后利用该线性方程对氯离子扩散系数进行预测。最后，对经验公式（回归方程）进行讨论。

4.6.1 高性能化混凝土氯离子扩散系数的回归分析

根据上述的回归分析理论可知，这里试验次数 $n=16$，取因素数 $q=3$，分别为水胶比、养护时间以及掺合料掺量。现要用最小二乘法求出三元线性回归方程：

$$Y = b_0 + b_1 X_1 + b_2 X_2 + b_3 X_3 \tag{4-1}$$

式中的系数 b_0，b_1，b_2，b_3 根据上节的理论可推出正规方程组为：

$$\left. \begin{array}{l} nb_0 + b_1 \sum\limits_{i=1}^{16} x_{1i} + b_2 \sum\limits_{i=1}^{16} x_{2i} + b_3 \sum\limits_{i=1}^{16} x_{3i} = \sum\limits_{i=1}^{16} y_i \\[2ex] b_0 \sum\limits_{i=1}^{16} x_{1i} + b_1 \sum\limits_{i=1}^{16} x_{1i}^2 + b_2 \sum\limits_{i=1}^{16} x_{1i} x_{2i} + b_3 \sum\limits_{i=1}^{16} x_{1i} x_{3i} = \sum\limits_{i=1}^{16} x_{1i} y_i \\[2ex] b_0 \sum\limits_{i=1}^{16} x_{2i} + b_1 \sum\limits_{i=1}^{16} x_{1i} x_{2i} + b_2 \sum\limits_{i=1}^{16} x_{2i}^2 + b_3 \sum\limits_{i=1}^{16} x_{2i} x_{3i} = \sum\limits_{i=1}^{16} x_{2i} y_i \\[2ex] b_0 \sum\limits_{i=1}^{16} x_{3i} + b_1 \sum\limits_{i=1}^{16} x_{1i} x_{3i} + b_2 \sum\limits_{i=1}^{16} x_{2i} x_{3i} + b_3 \sum\limits_{i=1}^{16} x_{3i}^2 = \sum\limits_{i=1}^{16} x_{3i} y_i \end{array} \right\} \tag{4-2}$$

对上式中所需的数据进行整理计算，如表 4-10 所示。

数据计算表　　　　　　　　　　　　　　　　　表 4-10

No.	x_1	x_2	x_3	y	y^2	x_1^2	x_2^2	x_3^2	$x_1 x_2$	$x_2 x_3$	$x_1 x_3$	$x_1 y$	$x_2 y$	$x_3 y$
1	0.45	30	0	3.362	11.303	0.2025	900	0	13.5	0	0	1.513	100.86	0
2	0.50	80	0.15	2.698	7.279	0.25	6400	0.0225	40	12	0.075	1.349	215.84	0.405
3	0.55	130	0.30	2.004	4.016	0.3025	16900	0.09	71.5	39	0.165	1.102	260.52	0.6012
4	0.60	180	0.45	2.4	5.76	0.36	32400	0.2025	108	81	0.27	1.44	432	1.08
5	0.45	80	0.30	2.286	5.226	0.2025	6400	0.09	36	24	0.135	1.029	182.88	0.6858
6	0.50	30	0.45	2.46	6.052	0.25	900	0.2025	15	13.5	0.225	1.23	73.8	1.107
7	0.55	180	0	3.607	13.010	0.3025	32400	0	99	0	0	1.984	649.26	0
8	0.60	130	0.15	2.15	4.623	0.36	16900	0.0225	78	19.5	0.09	1.29	279.5	0.3225
9	0.45	130	0.45	1.49	2.220	0.2025	16900	0.2025	58.5	58.5	0.2025	0.671	193.7	0.6705
10	0.50	180	0.30	1.929	3.721	0.25	32400	0.09	90	54	0.15	0.965	347.22	0.5787
11	0.55	30	0.15	3.201	10.246	0.3025	900	0.0225	16.5	4.5	0.0825	1.761	96.03	0.4802
12	0.60	80	0	4.173	17.414	0.36	6400	0	48	0	0	2.504	333.84	0
13	0.45	180	0.15	1.856	3.445	0.2025	32400	0.0225	81	27	0.0675	0.835	334.08	0.2784
14	0.50	130	0	3.007	9.042	0.25	16900	0	65	0	0	1.504	390.91	0
15	0.55	80	0.45	3.338	11.142	0.3025	6400	0.2025	44	36	0.2475	1.836	267.04	1.5021
16	0.60	30	0.30	3.347	11.202	0.36	900	0.09	18	9	0.18	2.008	100.41	1.0041
$\sum\limits_{i=1}^{16}$	8.4	1680	3.6	43.308	125.701	4.46	226400	1.26	882	378	1.89	23.01	4257.89	8.7151

将表 4-2 中的有关数据代入式（4-2），可得如下方程：

$$\begin{cases} 16b_0 + 8.4b_1 + 1680b_2 + 3.6b_3 = 43.308 \\ 8.4b_0 + 4.46b_1 + 882b_2 + 1.89b_3 = 23.0188 \\ 1680b_0 + 882b_1 + 226400b_2 + 378b_3 = 4257.89 \\ 3.6b_0 + 1.89b_1 + 378b_2 + 1.26b_3 = 8.71515 \end{cases}$$

解之得：

$$\begin{Bmatrix} b_0 \\ b_1 \\ b_2 \\ b_3 \end{Bmatrix} = \begin{Bmatrix} 0.8671 \\ 5.6420 \\ -0.0058 \\ -2.2870 \end{Bmatrix}$$

于是三元线性回归方程为：

$$Y = 0.8671 + 5.6420X_1 - 0.0058X_2 - 2.2870X_3$$

但是，上述回归方程是否有意义，还需进行显著性检验。

4.6.2 方差分析和回归方程检验

根据前面所述的知识，可以计算样品值与回归值及残差对应表，如表 4-11 所示。

回归值与残差值

表 4-11

编号	试验值 Y	回归值 $\hat{Y}$	残差	残差 SS_E	回归 SS_R	离差 SS_T
H11C1	3.362	3.232	−0.13	0.0169	0.2759	0.4293
H22C2	2.698	2.881	0.1831	0.0335	0.0304	0.0000
H33C3	2.004	2.530	0.5261	0.2768	0.0312	0.4938
H44C4	2.4	2.179	−0.2209	0.0488	0.2783	0.0940
HP13C4	2.286	2.256	−0.0301	0.0009	0.2032	0.1770
HP24C3	2.46	2.485	0.0249	0.0006	0.0491	0.0608
HP31C2	3.607	2.926	−0.6808	0.4635	0.0481	0.8104
HP42C1	2.15	3.155	1.005	1.0052	0.2011	0.3099
D14C2	1.49	1.623	0.133	0.0176	1.1748	1.4804
D23C1	1.929	1.958	0.029	0.0008	0.5606	0.6048
D32C4	3.201	3.453	0.252	0.0635	0.5571	0.2442
D41C3	4.173	3.788	−0.385	0.1480	1.1697	2.1498
P12C3	1.856	2.018	0.163	0.0266	0.4730	0.7237
P21C4	3.007	2.934	−0.0729	0.0053	0.0516	0.0901
P3 4C1	3.338	2.477	−0.8610	0.7412	0.0527	0.3984
P43C2	3.347	3.392	0.045	0.0020	0.4698	0.4099
综合				2.8567	5.6273	8.4840

利用方差分析知识，可得回归方差分析表，如表 4-12 所示。

方差分析表

表 4-12

方差来源	自由度	平方和	均方	F 值	显著性
回归	3	5.6273	1.8758	7.88	对于 $\alpha = 0.001$ 的显著
误差	12	2.8567	0.2381		
总和	15	8.4640			18.36

假设检验：设备因素为相互独立随机变量。检验假设：

H_0：$a = b_1 = b_2 = b_3 = 0$；H_1：H_0 不真；检验统计量：

$$F = \frac{SS_R/s}{SS_E/(n-s-1)} = \frac{5.6273}{2.8567} \times \frac{16-3-1}{3} = 7.88 > F_{0.01}(3, 12) = 5.95$$

认为回归方程关于 $\alpha = 0.01$ 显著，则指标 y 与因素 x_1、x_2、x_3 之间有十分显著的线性关系，可以认为多元线性回归模型合理。由此，得到高性能化的混凝土氯离子扩散系数经验公式如下：

$$D_{cl} = 0.8671 + 5.6420 \frac{W}{C} - 2.2870 \frac{C_0}{C} - 0.0058T \tag{4-3}$$

式中　D_{cl}——高性能化的混凝土氯离子扩散系数（$\times 10^{-8}$ cm^2/s）；

$\dfrac{W}{C}$——水胶比（0.45～0.60）；

$\dfrac{C_0}{C}$——复合超细粉掺量（0～0.45）；

T——标准养护时间（小于 180 天）。

在该回归方程中，偏回归系数 b_1、b_2、b_3 分别代表了因素 x_1、x_2、x_3 对耐久性指标 y 的具体效应，但是在一般情况下，b_i（$i=1$，2，3）本身的大小并不能直接反映自变量的相对重要性，这是因为 b_i 的取值会受到对应因素的单位和取值的影响。如果对偏回归系数进行标准化，则可以解决这一问题。

设偏回归系数 b_i 的标准化回归系数为 P_i（$i=1$，2，3）。P_i 的计算式为：

$$P_i = |b_i| \sqrt{\frac{L_{ii}}{L_{yy}}} \tag{4-4}$$

将试验数据代入上式可得：

$$P_1 = |b_1| \sqrt{\frac{L_{11}}{L_{yy}}} = 5.5420 \sqrt{\frac{0.05}{8.478}} = 0.426$$

$$P_2 = |b_2| \sqrt{\frac{L_{22}}{L_{yy}}} = 0.0058 \sqrt{\frac{50000}{8.478}} = 0.445$$

$$P_3 = |b_3| \sqrt{\frac{L_{33}}{L_{yy}}} = 2.2870 \sqrt{\frac{0.45}{8.478}} = 0.527$$

因标准回归系数越大，对应的因素越重要，所以因素的主次顺序为：x_3、x_2、x_1，这与上述试验结果的分析是一致的。

4.6.3 经验公式的讨论

1.公式中仅考虑了水胶比、复合超细粉掺量、标养时间的影响，实际影响高性能化的混凝土氯离子扩散系数的因素还很多，如矿物掺合料的种类、混凝土破损状态、外界环境温湿度等，所以此公式并不是万能的。但是，本研究可以给出了研究高性能混凝土抗氯离子渗透性的一个思路，对于其他因素的影响，可以用相同的方法将研究中的 3 个因素转变成更多的因素。

2.国内外许多学者的研究表明，氯离子扩散系数与水胶比及掺量基本呈线性关系，根据试验结果，本研究中也假设为线性模型。实际工程中考虑时间的影响多是自然时间，比如，Mangat 考虑氯离子扩散系数与时间的效应为 $D=D_i t^{-m}$，m 为经验常数，一般取 0.64，国内好多学者在考虑氯离子扩散系数时效时一般也是与时间成幂函数关系。但是，本研究中，为了缩短研究时间，给研究带来方便，采用的是标准养护时间，由于超细矿物掺合料本身特性，混凝土在标准养护环境下前几个月内胶凝材料仍能保持较大的水化速度。试验结果也表明，混凝土氯离子扩散系数在设计时间内与标养时间基本上呈线性关系。因此，在回归分析中，氯离子扩散系数与标养时间之间的关系也假设为线性关系。所以本公式在实际工程中的应用会有一定的局限性，但可以将实际时间转化为相当水化程度的标养时间带入公式计算。

3.从公式可以看出：水胶比的系数为正，掺量和标养时间的系数为负。当考虑某个因素影响时，其他两个因素固定，则混凝土氯离子扩散系数随水胶比的增大而降低，随复合超细粉掺量、标养时间的增大而减小。这也与前面直观分析及方差分析结果相一致。

4.对公式的因素主次分析中，认为复合超细粉掺量对氯离子扩散系数的影响要显著高于水胶比，这其中一方面的原因是试验水胶比所取水平的间距较小所致。若水胶比与掺量取相同的差值，水胶比对混凝土氯离子扩散系数的影响可能会高于复合超细粉掺量的影响，对此还需进一步的试验研究。

4.7 本章小结

通过本章研究可以得到如下结论：

1.配方 1 的混凝土拌合物的工作性能要优于其他配方。较高的水灰比、掺入一定量的掺合料，均可改善混凝土拌合物的工作性能。而工作性能的提高，又有助于混凝土强度以及耐久性性能的改善。

2.水胶比是决定混凝土立方体抗压强度的主要因素；同时由于矿物超细粉的掺入，养护时间对混凝土后期强度的提高作用也非常显著。海砂以及淡化海砂由于其含泥量以及泥块含量显著低于普通河砂，其抗压强度较河砂有所提高，但提高的幅度有限。

3.在试验因素水平所取范围内，复合超细粉掺量、标养时间对高性能化的混凝土氯离子扩散系数的影响比较显著。混凝土氯离子扩散系数随水胶比的增大而增大；随复合超细粉掺量的增大而减小；随标养时间的变长而减小。即，水胶比越小、掺量越高、养护时间越长，高性能化的混凝土抗氯离子渗透性越强，耐久性越高。

4.水胶比在0.45～0.60范围内变化时，复合超细粉的掺入量对降低高性能化混凝土氯离子扩散系数的显著性要高于水胶比。

5.通过数学回归建立了较为合理的高性能化的混凝土氯离子扩散系数预测模型，即：$D_{cl} = 0.8671 + 5.6420 \dfrac{W}{C} - 2.2870 \dfrac{C_0}{C} - 0.0058T$。如果知道混凝土的水胶比、复合超细粉掺量及养护时间，可以预测其氯离子扩散系数，也可以用来评价其渗透性，给混凝土耐久性设计提供一定的参考依据。

第5章

人工气候环境下海砂钢筋混凝土
简支梁力学性能试验研究

5.1 试验设计

近年来人们对钢筋混凝土构件耐久性的关注越来越多，许多研究机构也进行了大量的研究，但这些研究中大多针对的是自然条件下的普通混凝土梁，而对恶劣环境下海砂混凝土梁的研究却鲜有报道。其实，随着海砂作为一种细骨料在沿海地区的广泛应用，它的性能与普通混凝土必然存在不同，这可能导致使用海砂混凝土制作的梁与普通混凝土梁的抵抗侵蚀介质能力和力学性能存在很大的差异。本章主要研究海砂混凝土梁的力学性能，分析各因素对海砂混凝土渗透性的影响，并与普通混凝土梁的相关性能进行对比分析。

5.1.1 试验流程

钢筋混凝土梁浇筑成型后按设计要求进行养护，标准养护 28 天后，在 20% NaCl 溶液中浸泡 2 个月，到时间取出晾干后放入人工气候室进行试验。本章试验流程如图 5-1 所示。

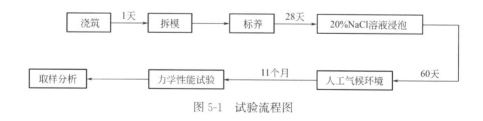

图 5-1　试验流程图

5.1.2 试件制作

根据海砂混凝土材料层次的研究结果，考虑便于对比分析，且具有较好的材料工作性能和力学性能等。本章试验的配合比见表 5-1。

混凝土配比 表5-1

配方编号	砂的种类	水灰比	单方用水量 （kg）	砂率	水泥/掺合料	砂子 （kg/m³）	石子 （kg/m³）
配方A	海砂	0.45	205	35%	456	644	1195
配方B	海砂50%	0.45	205	35%	456	644	1195
配方C	淡化海砂	0.45	205	35%	456	644	1195
配方D	普通河砂	0.45	205	35%	456	644	1195

混凝土用强制式搅拌机拌制，先干拌后湿拌，试验中4种配方混凝土的坍落度在60～80mm之间。随着矿物掺合料的加入，坍落度有所增大。

构件编号与配方的对应关系列表如表5-2。

试件编号 表5-2

编号	混凝土配方	环境	根数
L1-1	A	室内自然环境	1
L1-2	A	人工气候环境	1
L2-1	B	室内自然环境	1
L2-2	B	人工气候环境	1
L3-1	C	室内自然环境	1
L3-2	C	人工气候环境	1
L4-1	D	室内自然环境	1
L4-2	D	人工气候环境	1

试验梁截面为矩形，尺寸为 $b \times h \times l = 100\text{mm} \times 170\text{mm} \times 1500\text{mm}$，对称配筋。主筋为两根直径为12mm的HRB335钢筋，架立筋为两根直径6mm的HPB300钢筋，箍筋直径为6mm，间距为150mm，混凝土保护层厚度为20mm，配筋率为1.57%，大于最小配筋率且为适筋梁。梁截面尺寸及配筋如图5-2所示。

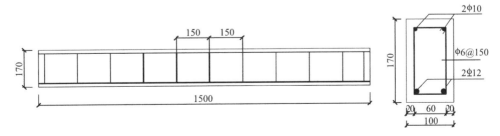

图5-2 梁截面尺寸及配筋图

制作步骤如下:

1) 试验前按尺寸截好钢筋后,先用磨光机打磨光钢筋,露出铁基体。

2) 浇筑混凝土前,钢模的缝隙用黄油抹上,以免在浇筑时混凝土漏浆。为了尽量满足混凝土保护层厚度设计要求,浇筑前将做好的水泥浆垫块进行打磨,保证其厚度为20mm。混凝土按顺序加料搅拌,并记下搅拌时的环境温度、相对湿度和混凝土的坍落度。浇筑时分层用插入式振捣棒进行振捣。

3) 浇筑一天(24小时)后拆开侧面模板,原位置浇水养护2天后,搬到实验室大厅内指定位置,每天浇水数次养护,自浇筑之日起60天后,按设计进行试验。

本章试验共制作梁6根,每个配方2根,其中1根盐溶液浸泡后按设计放入人工气候室,每个配方的另外1根放置在实验室大厅自然环境,称之为控制梁。每个配方混凝土共制作100mm×100mm×100mm立方体试块3组,每组3块,与梁同条件养护,用于测该环境下掺海砂混凝土立方体抗压强度。

5.1.3 试验装置

人工气候加速锈蚀是通过用高温、高湿、盐水喷淋、红外灯照等人工加速锈蚀方法模拟自然环境下的日晒、雨淋以及各种复杂的气候条件,来加速钢筋混凝土试件性能退化的方法。它可以用来模拟自然气候环境、恶劣工业环境、海洋环境等对钢筋混凝土结构的老化作用。试验采用干湿循环机制,由电控柜自动控制。过程中注意观察钢筋混凝土梁的表观变化情况。

人工气候环境循环机制如表5-3所示。

人工气候室循环机制

表5-3

时间	命令
08:32	红外灯1开,泵1开
08:45	红外灯1关,泵1关
09:32	红外灯1开,红外灯2开
13:32	红外灯1关,红外灯2关
14:30	红外灯2开,泵2开
14:45	红外灯2关,泵2关
15:31	红外灯1开,红外灯2开
20:00	红外灯1关,红外灯2关
20:30	红外灯2开,泵1开
20:46	红外灯2关,泵1关
21:30	红外灯1开,红外灯2开
01:45	红外灯1关,红外灯2关

放置时梁底朝上，人工气候装置见图5-3（a）、图5-3（b）。

图5-3（a）　人工气候室喷淋

图5-3（b）　人工气候室灯照

5.2　试验过程及分析

试验过程中观测梁的表观变化情况，发现箍筋拐角位置有铁锈渗出，暂未发现因主筋锈蚀而产生的纵向裂缝。

5.2.1　环境温湿度

过程中跟踪记录实验室大厅内以及人工气候室的温度和相对湿度，如图5-4所示。

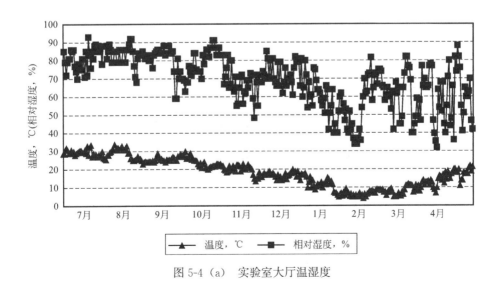

图5-4（a）　实验室大厅温湿度

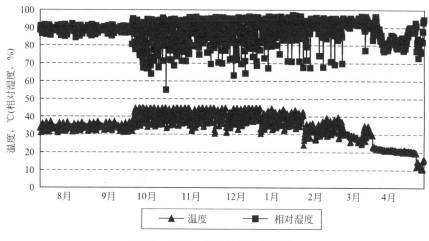

图 5-4（b） 人工气候室温湿度

5.2.2 掺海砂混凝土抗压强度

本试验随构件一起，每个配方浇筑两组混凝土立方体试块。一组放置在试验室大厅自然养护，另一组随构件一起参加人工气候循环。试验结束后，进行简支梁的抗弯力学性能试验时取出试块做同步抗压强度试验，包括 4 个配方的室内自然环境下的试块，这样，人工气候环境和自然环境的混凝土试块的龄期约 11 个月。试验结果如图 5-5 所示。

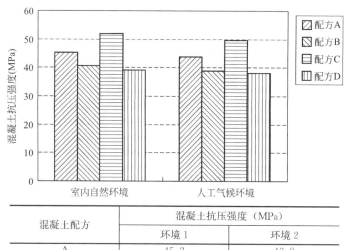

混凝土配方	混凝土抗压强度 （MPa）	
	环境 1	环境 2
A	45.2	43.8
B	40.7	38.9
C	51.8	49.6
D	39.1	38.2

图 5-5 不同环境下四个配方混凝土试块强度

在处理数据的过程中发现其数值具有一定的离散性，推测其离散原因：一方面为正常情况下，混合材料混凝土自身或制作测试等原因导致的，试验值一般都会产生不大的差异；另一方面为整个试验过程中，由于环境并非均匀环境，装置内的环境也非处处相同，不能保证试验混凝土试块所处的环境绝对相同而引起的。但是，经分析整理，仍可得出以下结论：

1）掺入淡化海砂的混凝土抗压强度比普通河砂有较明显的提高，主要是由于海砂的颗粒级配更加合理，且含泥量较少所致。

2）对比分析两种不同的环境对混凝土抗压强度的影响，可以发现，四种配方的室内自然环境（环境1）混凝土强度均略高于人工气候环境（环境2）的混凝土强度，这说明在恶劣的环境条件下，混凝土受到了损伤和劣化。实际上，混凝土在干湿循环的作用下，孔隙中的氯离子溶液浓度会逐渐提高，并产生结晶盐，这些盐在孔隙中积聚，能够产生结晶压力，而且在一定条件下，结晶压力会超过材料的抗拉强度，从而造成破坏。文献［74］认为，盐从少量结晶水化合物向大量结晶水化合物转变时引起的体积膨胀，由于弹性体所受外在约束以及体内各部分之间的相互约束，上述体积膨胀并不能自由发生，于是就产生了应力。如：在温度高于 0.15℃时，混凝土孔隙中充满了无水的氯化钠，后来混凝土在较低的温度下被浸湿，从而产生一种稳定的二水氯化钠。这种结晶化合物的体积比原来的无水盐大 1.3 倍，结果产生很大压力，从而造成混凝土的劣化。

现以室内自然环境下混凝土的强度为基准，则人工气候环境因素对抗压强度的影响系数可按公式（5-1）计算：

$$\eta_C = \frac{C'}{C_0} \tag{5-1}$$

式中　η_C——影响系数；

　　　C_0——各配方基准强度；

　　　C'——相同配方人工气候环境下的强度。

则氯盐干湿交替环境对 A，B，C，D 配方混凝土的抗压强度的影响系数分别为：0.96，0.95，0.95，0.97。从中可以看出，恶劣的环境因素对混凝土强度劣化的影响是不容忽视的，而配方的不同对影响系数有一定的影响。

5.3　简支梁力学性能试验

5.3.1　试验装置

试验梁采用简支形式加载，一端为固定铰支座，另一端为滚动支座，支座与梁之间垫钢片，以免发生局部受压破坏。为测定出完整的钢筋混凝土梁的荷载（P）-跨中挠度（f）曲线，及纯弯段截面应变变化情况，试验采用电液伺服动静万能试验机加载。试验中用分配钢梁来实现两点加载，加载点约在梁跨度的三分处。试验前在梁的一侧刷上白灰，以便于加载过程中裂缝开展的观测。梁的两端支座及跨中各布置一个位移计，以测梁的挠度。跨中纯弯段内，梁顶贴 50mm×3mm 的应变片，两侧各布置四个千分表，用以测沿截面高度混凝土各纤维层的平均应变，千分表的标距为 150mm。加载装置示意图见图 5-6。

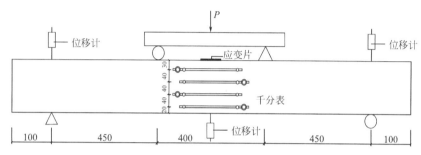

图 5-6（a） 试验装置示意图

图 5-6（b） 试验装置实物图

荷载、位移、应变等试验数据由 DataTaker800 读取，每级加载稳定后读 4 个千分表的读数，两侧相同位置读数的平均值除以标距作为该处混凝土纤维层的应变。

5.3.2 加载制度

试验采用电液伺服动静万能试验机加载，加载制度如下：

　　在正式加载前应先对梁进行预加载，以保证构件各部分接触良好，并检查仪器是否工作正常、荷载与变形关系是否趋于稳定、试验梁是否对中，确保试验装置准确无误后卸载至零。预加荷载值约为梁极限承载力理论计算值的 10%，本次试验中预加载 6kN。加载采用分级加载，先荷载控制，每级荷载约为计算破坏荷载的 10%（试验中取 6kN），加至破坏荷载约 80%（试验中取 40kN）后，进行位移控制加载，每级位移增量为 1~2mm，加载速度 0.2~0.5mm/min，直至破坏。加载至梁的受压区混凝土明显压碎时停止加载，认为此时梁已经破坏。

5.3.3　试验结果及分析

1. 梁的承载力过程

　　试验中记录了试验梁从分级加载开始到受压区混凝土破坏整个过程的伺服机施加荷载及梁的跨中挠度，室内自然环境下各配方钢筋混凝土梁的实测荷载（P）-跨中挠度（f）曲线如图 5-7 所示。

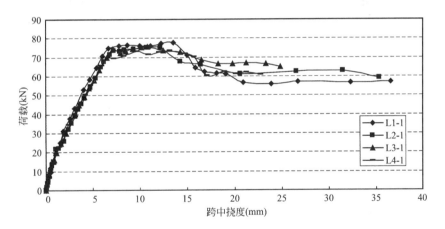

梁的编号	混凝土配方	屈服荷载（kN）	极限荷载（kN）
L1-1	A	74.1	77.9
L2-1	B	73.6	75.5
L3-1	C	74.0	75.4
L4-1	D	70.2	73.6

图 5-7　室内自然环境下梁的荷载-跨中挠度曲线

　　由图 5-7 可以看出，在室内自然环境下，各配方混凝土梁的荷载（P）-挠度（f）曲线形式（趋势）上基本一致。以基准梁（L4-1）为标准进行比较可以发现，使用淡化海砂的梁（L3-1）与基准梁的荷载-挠度曲线非常接近，表明淡化海砂混凝土梁在无腐蚀自然环境下的力学性能与普通混凝土梁相差无几。掺入海砂后，各梁的承载能力与基准梁相比均有不同程度的提高。通过前面对混凝土抗压强度的分析，可以认为这主要是由于混凝土强度的差异性所造成的，而海砂混凝土由于其所用细骨料颗粒级配优以及泥含量少等原因，其强度降低的程度少于河砂。可见掺海砂混凝土梁的力学性能优于普通河砂，这也为掺海砂混凝土的工程应用提供了一定的试验依据。

人工气候环境下各配方钢筋混凝土梁的实测荷载（P）-跨中挠度（f）曲线如图 5-8 所示。

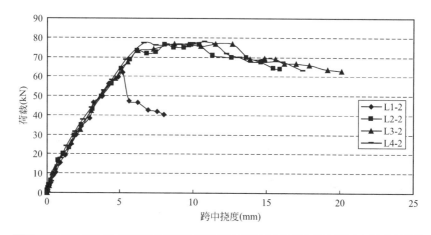

梁的编号	混凝土配方	屈服荷载（kN）	极限荷载（kN）
L1-2	A	61.9	61.9
L2-2	B	73.3	76.6
L3-2	C	73.4	76.9
L4-2	D	77.3	78.5

图 5-8　人工气候环境下混凝土梁的荷载-跨中挠度曲线

由图 5-8 可以看出，在人工气候环境下，各配方混凝土梁的荷载（P）-挠度（f）曲线在达到屈服荷载后发展很不规则，呈现出一定的差异。其中梁 L1-2 在钢筋屈服后，挠度急剧增加，刚度的退化非常显著；其他各梁也在达到屈服荷载后，挠度发展不多的情况下即出现承载力下降趋势，构件延性的退化很明显。造成这种情况的原因除了配方因素以及混凝土自身的离散性导致的材料强度差异外，还可以认为，在人工气候环境下，由于氯离子的大量存在引起混凝土内部钢筋锈蚀，钢筋和混凝土材料的性能发生退化，从而导致了混凝土梁的刚度和延性的降低。

为进一步对比分析，将相同配方的钢筋混凝土梁在两种环境下的荷载-挠度曲线单独绘出，见图 5-9（a）、图 5-9（b）、图 5-9（c）、图 5-9（d）。

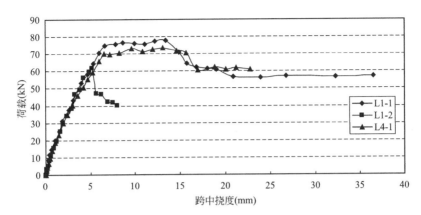

图 5-9 (a) 配方 A 钢筋混凝土梁在两种气候环境下的荷载-挠度曲线

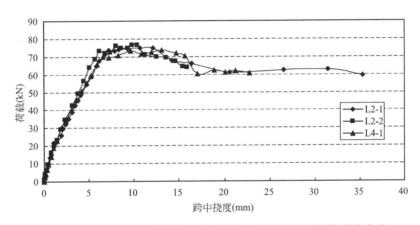

图 5-9 (b) 配方 B 钢筋混凝土梁在两种气候环境下的荷载-挠度曲线

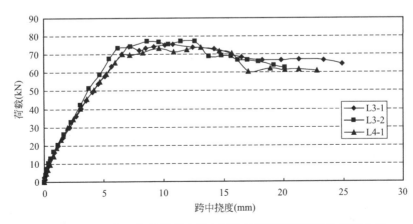

图 5-9 (c) 配方 C 钢筋混凝土梁在两种气候环境下的荷载-挠度曲线

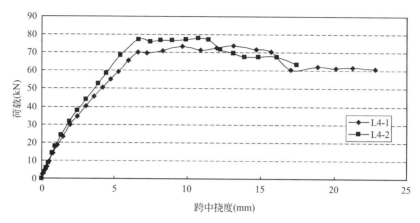

图 5-9（d） 配方 D 钢筋混凝土梁在两种气候环境下的荷载-挠度曲线

从图 5-9（a）中可以看出，与基准梁（L4-1）相比较，人工气候环境下海砂混凝土梁在开裂前的弹性阶段，其刚度略高于基准梁。达到屈服荷载后，荷载-挠度曲线即呈现出较明显的下降趋势，出现延性和刚度的较快降低。分析认为，前期刚度的提高主要是由于在人工气候作用下，混凝土内部钢筋发生锈蚀，但锈蚀的程度有限，锈蚀产物与混凝土之间的耦合增大了混凝土与钢筋之间的黏结所致。后期承载力的急剧降低说明，在侵蚀环境的作用下，钢筋与混凝土材料的性能均发生了一定程度的退化，其延性大大降低了。

从图 5-9（b）中可以看出，与基准梁（L4-1）相比较，掺入 50％海砂 50％河砂后的混凝土梁，其荷载-挠度曲线的发展变化趋势基本一致。人工气候环境下的梁在钢筋屈服前的刚度略高于基准梁，达到屈服后其刚度退化比基准梁稍低，但降低的幅度不大，具有较好的延性。说明部分河砂的加入有助于侵蚀条件下构件性能的改善。

从图 5-9（c）中可以看出，与基准梁（L4-1）相比，室内自然环境下以及人工气候条件下的淡化海砂混凝土梁前期刚度均略高于基准梁，其荷载-挠度曲线变化趋势与基准梁基本一致，承载能力和延性均无明显的差异。说明经淡化处理后的海砂混凝土梁具有良好的力学性能及耐久性能。

从图 5-9（d）中可以看出，与基准梁（L4-1）相比，人工气候条件下的普通混凝土梁，其荷载-挠度曲线的发展趋势与基准梁大致相同。其中人工气候条件下的梁的前期刚度略高于基准梁，屈服后刚度下降较为显著。

通过观察分析可以看出，人工气候条件下掺海砂混凝土梁的荷载-挠度曲线有三个明显的拐点，从而将其受力和变形分为四个阶段，其特点是：

第 1 阶段：荷载较小时，挠度随荷载成比例变化，混凝土梁处于弹性工作状态，待裂缝即将出现时，则第 1 阶段结束，与普通环境下的混凝土梁相比，这一阶段的曲线斜率加大，梁的刚度有所增加。

第2阶段：随着荷载的增大，纯弯段内跨中位置出现第1批裂缝，开裂处钢筋的应力应变突然增大。此后，梁带裂缝工作，挠度增长的速度比开裂前要快，并不断出现新裂缝。开始纯弯段内的裂缝间距较大，约为15cm。这一阶段的剪弯段也开始出现裂缝。待纵筋屈服时，第2阶段宣告结束。此时荷载约为70kN，不同配方的混凝土梁存在一定的差异性。

第3阶段：纵筋屈服后，其拉应力基本保持不变，裂缝急剧开展，挠度急剧增大，原有的裂缝宽度增大，并不断向上开展，纯弯段内原有相邻裂缝间不断有新的裂缝出现，致使裂缝间距变小到6～9cm。受压区混凝土出现梁长方向的纵向裂纹。梁上边缘混凝土压应变达到其极限压应变之前，这阶段结束。此阶段不同配方混凝土梁的荷载-挠度曲线呈现出较大的差异性，掺入海砂的混凝土量几乎没有水平段即告破坏。

第4阶段：受压区混凝土上边缘受压破碎，开始时破碎程度较轻，此后受压区逐渐破碎直至退出工作。此阶段各配方混凝土的表现也不尽相同，掺入淡化海砂的梁 P-f 曲线有较为平缓的下降段。

通过以上分析可认为在人工气候条件下，未经淡化处理的海砂混凝土梁受氯离子腐蚀的程度较大，导致内部钢筋发生锈蚀，从而导致梁的延性以及刚度有一定的降低。而淡化处理后或掺入部分河砂的海砂混凝土获得了较高的耐久性能，其受侵蚀的程度大大减小，梁的延性及刚度没有显著的下降。

综上所述，再次说明了以耐久性指标为主要参考标准进行设计的海砂混凝土构件，在侵蚀性环境的作用下，其力学性能的退化优于未经处理的海砂混凝土结构；且从耐久性角度考虑，淡化海砂的使用对构件的力学性能并无不良影响。

2.截面应变分析

对于未受腐蚀的构件，已有的研究表明，钢筋混凝土的平截面应变基本符合平截面假定。而受到腐蚀后的混凝土梁，其内部钢筋锈蚀，并产生锈胀裂缝，钢筋与混凝土之间的黏结性能退化，黏结力逐步丧失。因此，锈蚀梁受力后，钢筋与混凝土的应变不再符合平截面假定，而存在钢筋应变滞后现象，也就是钢筋的应变不再与混凝土保持一致，而是小于混凝土的拉应变。

本试验以梁一侧的千分表读数与标距的比值作为该混凝土纤维层的应变，来验证平截面假定。跨中千分表的标距取为150mm，千分表沿梁的高度等间距布置，共计4个测点。以人工气候条件下普通河砂混凝土（L4-2）及淡化海砂混凝土梁（L3-2）的实测截面应变为例，受压为正，受拉为负，可得到加载过程中某些阶段的截面应变图，如图5-10（a）、图5-10（b）所示。

从应变图中可以看出一些规律：

1）梁截面的上部为压应变，下部为拉应变，表明整个承载力过程中，沿梁

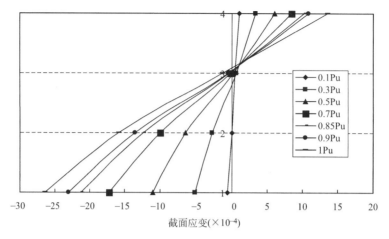

图 5-10 (a)　梁 L4-2 截面应变图

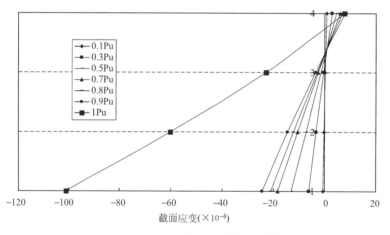

图 5-10 (b)　梁 L3-2 截面应变图

截面高度方向，上部受压，下部受拉，且截面上边缘压应变最大，下边缘拉应变最大，故在截面某一层应变为零，即不受压也不受拉，这一层称为中和层，与截面的交线为中和轴。从图中可以看出，随着加载过程的不断进行，中和轴不断上移。

2）图中将应变值连接起来，屈服前基本成一条直线，说明试验梁横截面仍保持为一个平面，截面上应变分布呈平面应变规律，平截面假定在试验梁中仍然成立。分析认为，这主要是由于梁内钢筋没有腐蚀或腐蚀的程度不高所致，从另一方面也说明人工气候条件下淡化海砂混凝土与钢筋仍能保持很好的黏结性能。

从应力的角度来看，在荷载很小时，梁处于弹性阶段，截面应变图上中和轴上下基本呈差不多大的三角形,受拉混凝土没有开裂,与混凝土内钢筋协同变形,但是由于钢筋的弹性模量比混凝土要大很多,因此钢筋的拉应力较周围混凝土所受的拉应力大。当混凝土达到极限拉应力开裂时,此时,截面受拉区原本由未开裂混凝土承受的拉应力释放到钢筋上,使钢筋产生较大的拉应力。钢筋屈服后,应力基本保持不变,裂缝急剧开展,中和轴上移,受压区高度缩短,为了保持截面力和弯矩平衡,受压区混凝土应力不断增大,待截面上边缘混凝土压应变达到极限压应变时,混凝土被压酥破坏,直至最外边缘混凝土最终退出工作。

3.试验梁的裂缝开展及破坏形态

本试验采用分级加载,每级荷载加完稳定 10min 后,记录梁的裂缝开展情况。室内自然环境以及氯盐侵蚀环境下的混凝土梁的受力横向裂缝发展情况分别见图 5-11 (a)、图 5-11 (b)。

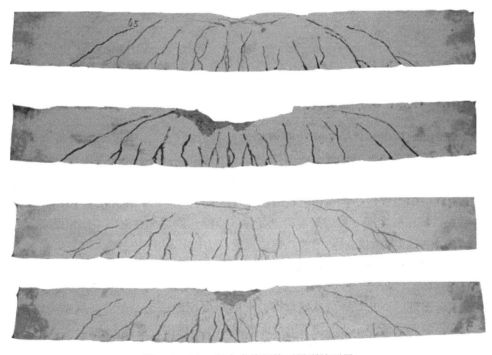

图 5-11(a) 室内自然环境下梁裂缝开展

1)裂缝开展过程的描述

从开始加载到受拉区混凝土即将开裂,这一阶段由于弯矩很小,所测得的梁截面上各个纤维应变也很小,且变形的变化规律符合平截面假定。由于应变很小,这时梁的工作情况与均质弹性体梁相似,混凝土基本上处于弹性工作阶段,应力与应变成正比,受压区和受拉区混凝土应力分布图为三角形,这在上一节的截面应力分析中已有证明。

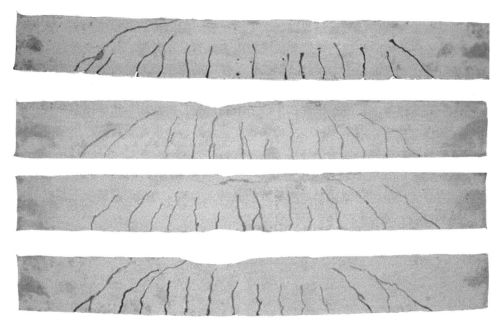

图 5-11 (b) 人工气候环境下梁裂缝开展

当荷载继续增大，受拉区边缘纤维应变恰好达到混凝土受弯时的极限拉应变，梁处于即将开裂的极限状态。当荷载施加到 6～10kN 时，在纯弯段抗拉能力最薄弱的截面处将出现第一批裂缝（一条或几条），一般情况下，第一批裂缝将出现在跨中附近，受弯裂缝出现时的宽度大约为 0.02～0.03mm，初始高度大约在 15～25mm 之间。开裂后混凝土受拉区应变急剧增加并退出工作，原来由混凝土承受的拉力转加给纵向钢筋，导致钢筋应力较开裂前突然增大许多，混凝土开裂的瞬间，钢筋混凝土梁的挠度突然增大，刚度明显降低，在荷载-挠度曲线上出现明显的转折。

裂缝出现后，随着外荷载的增加，梁的挠度逐渐增大，裂缝开展越来越宽，沿梁高不断向上延伸，从而使裂缝截面处的中和轴的位置也随之上移。当外荷载增加到 50% 左右极限承载力时，数条裂缝已延伸至形心轴的位置，随着外荷载的增加，直裂缝的数量不再增加，原有裂缝变宽，并穿过形心轴沿梁高向上延伸。当外荷载增加至 55%～70% 极限荷载时，在剪弯段梁腹部靠近形心轴的位置处出现斜裂缝，斜裂缝出现时倾角约 45°，随着荷载的增加，斜裂缝向支座和加载点两个方向延伸。当外荷载增加到 60%～80% 极限荷载时，最宽的裂缝已达到 0.2mm。当荷载增加到界限荷载 P_u 时，边缘纤维压应变达到或接近混凝土受弯时的极限压应变，标志着梁已经开始破坏。其后，试验梁仍可继续变形，但受承受的荷载将有所降低，最后在破坏区段上受压区混凝土被压碎，而告完全破坏。

2）开裂荷载分析

试验中记录了梁的开裂荷载 P_{cr}。开裂荷载的确定可以从两个方面综合考虑。一方面，利用白灰涂抹试件表面，用肉眼观测寻找裂缝，将观测到第一级裂缝时的前一级荷载作为构件的开裂荷载值。另一方面，根据所绘制的荷载-挠度曲线，取该曲线上斜率首先发生突变的荷载值作为开裂荷载值。经综合考虑后，可以较为准确地确定构件的开裂荷载。表 5-4 为不同配方在不同环境下的开裂荷载取值。

梁的开裂荷载 P_{cr} 表 5-4

混凝土配方	梁的开裂荷载（MPa）	
	环境 1	环境 2
A	6.5kN	12kN
B	5.8kN	9.6kN
C	6.0kN	11.5kN
D	5.5kN	6.2kN

从表 5-4 中可以看出，人工气候（环境 2）下的开裂荷载值均高于室内自然环境（环境 1）的值，分析认为这主要是由于在高温高湿以及灯照的恶劣环境下，混凝土内部钢筋发生锈蚀所致。有资料表明在钢筋锈蚀程度有限的情况下（通常小于 5%），钢筋的锈蚀产物扩散到混凝土中，与混凝土耦合反而会提高钢筋与混凝土之间的有效黏结，增大了梁的早期刚度，从而导致了侵蚀作用下混凝土梁的开裂荷载有所增加的现象。

3）裂缝破坏形态分析

从裂缝分布图中可以看出，受压破坏时，室内自然环境下钢筋混凝土梁的裂缝分布与普通适筋梁的裂缝分布一致。而处于人工气候条件下的钢筋混凝土梁，其裂缝分布与同配方的自然环境下梁相比较具有一定的差异，尤其是未经淡化处理的海砂混凝土梁，其差异性更为明显。即裂缝数量较少，相对集中在混凝土的弯曲段，且没有明显的弯剪斜裂缝。分析认为造成此种现象的原因是由于高温高湿以及氯离子腐蚀作用下的混凝土梁内部钢筋锈蚀而导致钢筋自身的性能的退化以及混凝土性能的劣化、强度降低所造成的。鉴于钢筋锈蚀程度不大，故未出现典型的黏结破坏现象。

5.4　本章小结

1.同种配方的淡化海砂混凝土的抗压强度略高于海砂混凝土，而海砂混凝土的抗压强度又略高于普通河砂混凝土。说明，对于普通强度的混凝土而言，优选原材料对混凝土的强度有一定的提高作用。

2. 相同配方的混凝土在人工气候条件作用下强度比普通自然环境有所降低，环境影响系数约为 0.90。表明恶劣的外部环境使混凝土自身发生劣化，因此氯盐以及高温高湿环境在混凝土自身劣化方面的影响不容忽视。

3. 在人工气候条件作用下，淡化海砂梁出现锈蚀现象的时间滞后于未经淡化处理的钢筋混凝土梁。表明，在恶劣的外部环境作用下，海砂的氯离子对混凝土内钢筋的侵蚀作用不容忽视。因此，将努力发展海砂淡化技术可以有效提升沿海地区混凝土结构的使用寿命。

4. 在室内自然环境条件下，淡化海砂混凝土梁以及掺部分河砂的海砂混凝土梁，与基准梁的荷载-挠度曲线发展趋势基本一致。说明淡化海砂混凝土梁以及掺部分河砂的海砂混凝土梁与普通钢筋混凝土梁具有相似的力学性能。

5. 在人工气候条件作用下，未经淡化的钢筋混凝土梁受到氯离子侵蚀而发生劣化，其荷载-挠度曲线在钢筋屈服后的承载力下降明显加快，且刚度和延性均有一定程度的降低。而经淡化处理的混凝土梁，其承载能力的退化现象不显著。另外海砂与普通砂因素对构件力学性能的影响并不显著。这说明环境因素以及海砂淡化技术对构件力学性能的影响较大，一方面恶劣的环境加速了构件力学性能的退化，另一方面淡化后的海砂材料抵抗环境侵蚀的能力有所提高。

6. 平截面假定在人工气候条件下海砂混凝土梁中依然成立；人工气候条件下试验梁的初期刚度与开裂荷载有所增加；另外，海砂淡化后降低了环境因素对构件开裂荷载的影响。

■第6章■

氯盐侵蚀环境下海砂混凝土
简支梁力学性能试验研究

钢筋混凝土结构是沿海地区和海港工程广泛使用的结构形式之一。在一般的自然环境中，钢筋混凝土结构的耐久性通常是好的，然而在腐蚀性较强的沿海地区，钢筋混凝土的耐久性表现往往不尽如人意，氯离子对混凝土侵蚀，引起钢筋锈蚀，混凝土保护层锈胀开裂，造成结构构件发生过早的破坏，力学性能不断劣化，影响结构的正常使用和安全，尤其是处于浪溅区与水位变动区的钢筋混凝土结构。目前由于海砂混凝土在沿海地区的大量使用，使得耐久性问题更加突出。现根据前面章节对海砂混凝土材料性能的研究结果，本章及下一章节将以混凝土材料的耐久性指标作为主要的参考标准，模拟海洋环境中的氯离子侵蚀过程并对氯盐侵蚀条件下海砂混凝土构件（简支梁）的力学性能进行进一步的研究。

6.1 试验方案

试验方案从耐久性的角度出发，在海砂混凝土梁配方的选择方面考虑两个因素，即砂的种类和掺合料的掺量，每个因素取两个水平。通过前面的分析可知，加入掺合料是使普通强度混凝土高性能化的重要手段，而掺合料的掺量是影响耐久性指标的最显著因素，且掺量在 30%～45% 的范围内效果最优，故本试验取两个因素水平进行对比，分别为 0% 和 40%。另外，海砂是本书研究的重点，由前两个章节的分析可知，海砂经淡化处理后，其各项性能指标均满足建筑用砂的规范要求，且使用淡化海砂配置的混凝土材料的耐久性也优于普通河砂。但由于海砂中含有一定量的氯离子，在海洋环境的长期作用下，配筋构件的性能究竟如何还需做进一步的研究判断。故本试验采用淡化海砂与河砂两个水平进行对比分析。

另外，本书在对构件进行的试验研究中加入了环境和力学的因素，设计了三个不同的外部环境和力学环境，即：室内自然环境、氯盐干湿交替环境以及氯盐干湿交替与弯曲荷载持续协同作用环境。对于持续加载的等级选定为：不加载和约为理论计算抗弯极限荷载值的 80% 荷载两种，即分别为：0kN 和 40kN。试验的目的是通过长期观察，以得到配方、外部环境和力学状态对海砂混凝土简支梁力学性能退化的影响。试验规划见表 6-1。

试验梁方案规划　　　　　　　　　　　　　　表 6-1

试件编号　　因素	环境	矿物掺合料掺量	砂的种类	荷载等级	构件数
L-C0-P	室内自然环境	0	普通河砂	0	1
L-C40-P		40%	普通河砂	0	1
L-C0-D		0	淡化海砂	0	1
L-C40-D		40%	淡化海砂	0	1
L-C0-P-L0	氯盐干湿循环环境	0	普通河砂	0	1
L-C40-P-L0		40%	普通河砂	0	1
L-C0-D-L0		0	淡化海砂	0	1
L-C40-D-L0		40%	淡化海砂	0	1
L-C0-P-L80	氯盐干湿循环与弯曲荷载持续协同作用环境	0	普通河砂	80%(40kN)	1
L-C40-P-L80		40%	普通河砂	80%(40kN)	1
L-C0-D-L80		0	淡化海砂	80%(40kN)	1
L-C40-D-L80		40%	淡化海砂	80%(40kN)	1

注：试件编号的大写字母 L 代表构件为梁；C0 及 C40 分别代表矿物掺合料的掺量为 0 和 40%；大写字母 P 和 D 分别代表细骨料的种类为普通河砂和淡化海砂；L0 及 L80 分别代表荷载的等级为 0 级和 80%。各编号混凝土详细配方见表 4-2。

6.2　试件制作

由于本试验研究的是普通强度混凝土，同时考虑所配置的混凝土应具有可靠的工作性能和力学性能，所以综合第 3 章的研究结果和相关经验，试验方案中混凝土的水灰比取 0.45，砂率取 35%，单方用水量取 205kg。配方详见表 6-2。

混凝土配比　　　　　　　　　　　　　　　表 6-2

配方编号	砂的种类	矿物掺合料掺量	水灰比	单方用水量	砂率	水泥/掺合料	砂子(kg/m³)	石子(kg/m³)
配方 A	普通河砂	0	0.45	205	35%	456	644	1195
配方 B	普通河砂	40%	0.45	205	35%	274/182	644	1195
配方 C	淡化海砂	0	0.45	205	35%	456	644	1195
配方 D	淡化海砂	40%	0.45	205	35%	274/182	644	1195

构件编号与配方的对应关系列表见表6-3。

试件编号　　　　　　　　　　　　　　　　　　　　　　表6-3

编号	混凝土配方	环境	根数
L-C0-P	A	室内自然	1
L-C40-P	B	室内自然	1
L-C0-D	C	室内自然	1
L-C40-D	D	室内自然	1
L-C0-P-L0	A	氯盐干湿循环	1
L-C40-P-L0	B	氯盐干湿循环	1
L-C0-D-L0	C	氯盐干湿循环	1
L-C40-D-L0	D	氯盐干湿循环	1
L-C0-P-L8	A	氯盐干湿加载	1
L-C40-P-L8	B	氯盐干湿加载	1
L-C0-D-L8	C	氯盐干湿加载	1
L-C40-D-L8	D	氯盐干湿加载	1

混凝土用强制式搅拌机拌制，先干拌后湿拌，试验中4个配方混凝土的坍落度在60~80mm之间。随着矿物掺合料的加入，坍落度有所增大。

试验梁截面为矩形，尺寸为$b \times h \times l = 100mm \times 170mm \times 1500mm$，对称配筋。为便于对比分析，主筋均为两根直径为12mm的HRB335钢筋，架立筋为两根直径6mm的HPB300钢筋，箍筋直径为6mm，间距为150mm，混凝土保护层厚度为20mm，配筋率为1.57%，大于最小配筋率且为适筋梁。梁截面尺寸及配筋见图6-1。

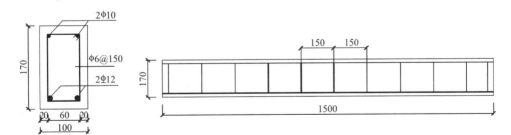

图6-1　梁截面尺寸及配筋图

以上是总体方案设计，本章侧重研究室内自然环境以及氯盐干湿循环条件下的试件。氯盐侵蚀和弯曲荷载持续协同作用下的试件将在第7章展开研究，并结合第6章的一些试验结果进行汇总分析。具体的试验方案见相应各章节。

6.3　试验方法

近年来人们对钢筋混凝土构件耐久性的关注越来越多，许多研究机构也进行了大量的研究，但这些研究中大多针对的是自然条件下的普通混凝土梁，而对恶劣环境下高性能化的海砂混凝土梁的研究却鲜有报道。目前，淡化海砂作为一种细骨料在沿海地区已有应用，由于其自身性能与普通砂存在着较大的差异，这可能导致使用淡化海砂混凝土制作的梁与普通混凝土梁在抵抗侵蚀介质能力，保持力学性能方面存在较大的不同。本章主要研究海砂混凝土梁在长期气候环境（氯盐侵蚀环境、室内自然）下的力学性能，分析各因素对海砂混凝土梁耐久性的影响，并与普通混凝土梁的相关性能进行对比分析。

6.3.1　试验流程

对于室内自然环境下的混凝土梁，经浇筑成型后，按要求进行养护，60 天后堆放在实验室大厅；对于氯盐侵蚀条件下的混凝土梁，经浇筑成型后，按要求养护，60 天后在 10％氯化钠溶液中进行干湿循环。试验流程如图 6-2 所示。

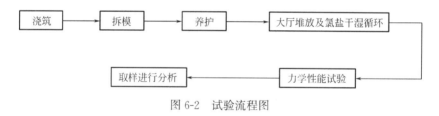

图 6-2　试验流程图

6.3.2　干湿循环机理及方法

干湿循环机理：当干透了的混凝土表层接触海水时，靠毛细管吸收作用吸收海水，一直吸到饱和的程度。如果外界环境又变得干燥，则混凝土中水流方向会逆转，纯水从毛细孔对大气开放的那些端头向外蒸发，使混凝土表层孔隙液中盐分浓度增高，这样在混凝土表层与内部之间形成氯离子浓差，它驱使混凝土孔隙液中的盐分靠扩散机理向混凝土内部扩散。只要混凝土具有足够的湿度，就可以进行这种扩散。饱水时，扩散率最高。可见，除了混凝土孔结构特征外，混凝土湿度也是氯离子向混凝土内部扩散的一个重要因素。视外界环境相对湿度、干燥持续时间的不同，在混凝土表层中，大部分孔隙水有可能蒸发掉，而在混凝土内部，剩余水分将为盐分所饱和，多余盐分就结晶析出。

由此可见，当混凝土干燥时水分向外迁移，而盐分则向内迁移。在下一次再被海水润湿时，又有更多的盐分以溶液的形式带进混凝土的毛细管孔隙中。此时，在混凝土表层内，有一个向外降低的浓度差，而在离表面一定深度处，氯化物浓度有一个峰值。这样，可能有一些盐分会向外表面扩散，但是接着的干燥又将纯水向外蒸发掉，将盐分遗留于混凝土内，将更多的盐分带进混凝土内。干湿交替下，盐分会逐渐侵入混凝土内部。盐分向内迁移的程度取决于干燥与润湿交替期的长短。随着时间的推移，将有足以使钢筋去钝化的氯化物达到钢筋表面。

混凝土表层的干湿交替，不仅影响着氧化物的侵入，而且较深的干燥使以后的润湿可以更多、更深地带进氯化物，也就是使氯离子更充分地侵入。

本试验采用先海水浸泡构件然后抽水，用红外线大灯照射等人工加速锈蚀方法模拟海洋环境下的日晒、涨潮、落潮等复杂的气候条件，来加速钢筋混凝土试件性能的退化。试验采用的干湿循环机制如图6-3所示，由人工控制，在实验过程中注意观察钢筋混凝土梁的表观变化情况。

图 6-3　干湿循环制度示意图

干湿环境：本试验浸泡溶液采用氯盐溶液模拟海洋环境，溶液浓度为 10%。

6.4　试验过程及分析

6.4.1　环境温湿度

环境温度对混凝土的耐久性有双重影响，一方面，温度升高使水分蒸发过快，造成表面的孔隙率增大，渗透性提高；另一方面，温度升高可以使内部混凝土的水化速度加快，混凝土致密性增加，渗透性降低。从长远看，胶凝材料趋于稳定，温度升高会使离子活动能力增强，从而增大氯离子扩散的能力。环境湿度对混凝土的渗透性也有影响，由于氯离子在混凝土中的扩散需要在有水的条件下进行，所以在环境相对湿度低的情况下，离子扩散速度将会降低。

由于本试验的装置放置在试验室大厅内，无法对试验过程中的温湿度进行人工控制，故在过程中跟踪记录大厅内的温度和相对湿度，为今后进一步的研究比较提供前提和依据。温湿度如图6-4所示，平均温度为 20.5℃，平均相对湿度为 49%。

6.4.2　构件的表面观测

对于未掺矿物超细粉的两组构件，60 个干湿循环后混凝土表面出现锈迹，

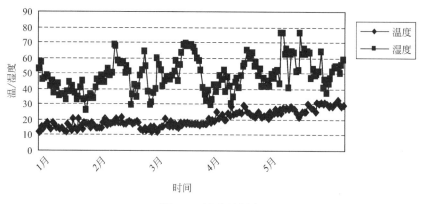

图 6-4　试验温湿度

随着循环的增加，表面出现新的锈迹，且锈迹程度加深，但速度较为缓慢；而对于掺入矿物超细粉的两组构件，150 个干湿循环后，混凝土表面方有锈迹的出现，直到试验结束时表观的锈蚀情况仍不明显。而放置在试验室大厅内的混凝土构件均无任何表观锈迹的出现。由此说明矿物超细粉的掺入以及恶劣环境的影响对钢筋锈蚀有显著影响。

6.4.3　混凝土抗压强度试验

本试验随构件一起，每个配方浇筑两组混凝土立方体试块。一组放置在试验室大厅自然养护，另一组随构件一起参加干湿循环。干湿试验结束后，进行简支梁的抗弯力学性能试验时取出试块做同步抗压强度试验，包括 4 个配方的室内自然环境下的试块，这样，干湿循环环境和自然环境的混凝土试块的龄期约 7 个月。试验结果见图 6-5。

在处理数据的过程中发现其数值具有一定的离散性，推测其离散原因：一方面为正常情况下，混合材料混凝土自身或制作测试等原因导致的，试验值一般都会产生不大的差异；另一方面为整个试验过程中，由于环境并非均匀环境，装置内的环境也非处处相同，不能保证试验混凝土试块所处的环境绝对相同而引起的。但是，经分析整理，仍可得出以下结论：

1. 掺入淡化海砂的混凝土抗压强度比普通河砂有较明显的提高，主要是由于海砂的颗粒级配更加合理，且含泥量较少所致。另外掺入矿物掺合料的混凝土抗压强度均低于不掺的，说明对于普通强度的混凝土而言，矿物掺合料对强度的改善作用并不显著，甚至降低了混凝土的强度，且降低的幅度不容忽视。这从另一个方面也说明，对于掺入矿物掺合料的混凝土，加强后期养护是至关重要的。

2. 对比分析两种不同的环境对混凝土抗压强度的影响，可以发现，四种配方的室内自然环境（环境 1）混凝土强度均高于干湿循环环境（环境 2）的混凝土

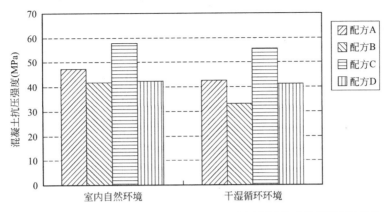

混凝土配方	混凝土抗压强度（MPa）	
	环境1	环境2
A	47.3	42.9
B	41.7	33.0
C	57.9	55.4
D	42.4	41.3

图6-5　不同环境下四个配方混凝土试块强度

强度，这说明在恶劣的环境条件下，混凝土受到了损伤和劣化。实际上，混凝土在干湿循环的作用下，孔隙中的氯离子溶液浓度会逐渐提高，并产生结晶盐，这些盐在孔隙中积聚，能够产生结晶压力，而且在一定条件下，结晶压力会超过材料的抗拉强度，从而造成破坏。文献[74]认为，盐从少量结晶水化合物向大量结晶水化合物转变时引起了体积膨胀，由于弹性体所受外在约束以及体内各部分之间的相互约束，上述体积膨胀并不能自由发生，于是就产生了应力。如：在温度高于0.15℃时，混凝土孔隙中充满了无水的氯化钠，后来混凝土在较低的温度下被浸湿，从而产生一种稳定的二水氯化钠。这种结晶化合物的体积比原来的无水盐大1.3倍，结果产生很大压力，从而造成混凝土的劣化。

现以室内自然环境下混凝土的强度为基准，则氯盐干湿交替环境因素对抗压强度的影响系数可按公式（6-1）计算。

$$\eta_C = \frac{C'}{C_0} \tag{6-1}$$

式中　η_C——影响系数；

　　　C_0——各配方基准强度；

　　　C'——相同配方氯盐干湿交替环境下的强度。

氯盐干湿交替环境对A、B、C、D配方混凝土的抗压强度的影响系数分别为：0.90、0.79、0.95、0.97。从中可以看出，恶劣环境对混凝土强度的劣化是不容忽视的，而配方的不同对影响系数有一定的影响。

6.5　简支梁力学性能试验

试验梁采用简支形式加载，一端为固定铰支座，另一端为滚动支座，支座与梁之间垫钢片，以免发生局部受压破坏。为测定出完整的钢筋混凝土梁的荷载（P）-跨中挠度（f）曲线，及纯弯段截面应变变化情况，试验采用电液伺服动静万能试验机加载。试验装置及加载过程控制见第 5 章。

6.5.1　梁的承载力过程

试验中记录了试验梁从分级加载开始到受压区混凝土破坏整个过程的伺服机施加荷载及梁的跨中挠度，室内自然环境下各配方钢筋混凝土梁的实测荷载（P）-跨中挠度（f）曲线如图 6-6 所示。

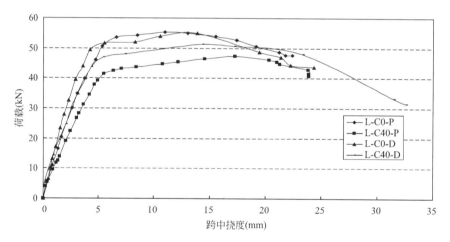

梁的编号	混凝土配方	屈服荷载（kN）	极限荷载（kN）
L-C0-P	A	50.5	55.3
L-C40-P	B	40.1	47.2
L-C0-D	C	49.5	55
L-C40-D	D	44.5	51.4

图 6-6　室内自然环境下梁的荷载-跨中挠度曲线

由图 6-6 可以看出，在室内自然环境下，各配方混凝土梁的荷载（P）-挠度（f）曲线形式（趋势）上基本一致。以基准梁（L-C0-P）为标准进行比较可以发现，使用淡化海砂的而未进行高性能化的梁（L-C0-D）与基准梁的荷载-挠度曲线非常接近，表明淡化海砂混凝土梁在无腐蚀自然环境下的力学性能与普通混凝土梁相差无几。掺入矿物掺合料后，淡化海砂（L-C40-D）以及普通河砂梁（L-C40-P）的承载能力与基准梁相比均有不同程度的降低，其中河砂梁的降低程度高于海砂梁。通过前面对混凝土抗压强度的分析，可以认为这主要是由于混凝土强度的差异性所造成的，而海砂混凝土由于其所用细骨料颗粒级配优以及泥含量少等原因，其强度降低的程度少于河砂。可见淡化海砂混凝土梁经高性能化后其力学性能优于普通河砂，这也为高性能化海砂混凝土的工程应用提供了一定的试验依据。

氯离子侵蚀环境（干湿循环）下各配方钢筋混凝土梁的实测荷载（P）-跨中挠度（f）曲线如图 6-7 所示。

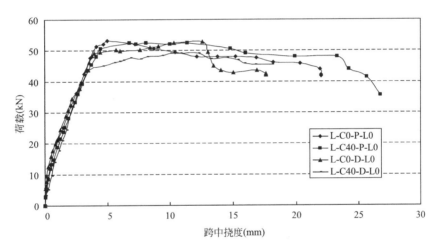

梁的编号	混凝土配方	屈服荷载 kN	极限荷载 kN
L-C0-P-L0	A	51.3	53.1
L-C40-P-L0	B	48.1	52.4
L-C0-D-L0	C	48.3	52.7
L-C40-D-L0	D	43.3	49.5

图 6-7 氯盐侵蚀环境下混凝土梁的荷载-跨中挠度曲线

由图 6-7 可以看出，在氯盐侵蚀环境下，各配方混凝土梁的荷载（P）-挠度（f）曲线在达到屈服荷载后发展很不规则，呈现出一定的差异。其中梁 L-C0-P-L0 在钢筋屈服后，挠度急剧增加，刚度的退化非常显著；梁 L-C0-D-L0 在达到屈服荷载后，挠度发展不多的情况下即出现承载力的突然降低，构件延性的退化很明显；梁 L-C40-P-L0 达到屈服后的荷载-挠度曲线发展平缓，但承载力提高的程度不大；而梁 L-C40-D-L0 的荷载-挠度曲线与普通混凝土梁基本一致。造成这种情况的原因除了配方因素以及混凝土自身的离散性导致的材料强度差异外，还可以认为，在氯盐侵蚀环境下，由于氯离子引起混凝土内部钢筋锈蚀，钢筋和混凝土材料的性能发生退化，从而导致了混凝土梁的刚度和延性的降低。而掺入矿物掺合料的混凝土梁由于其抗氯离子渗透能力的提高，受环境因素影响的程度降低，所以其受力性能没有显著变化。

为进一步对比分析，将相同配方的钢筋混凝土梁在两种环境下的荷载-挠度曲线单独绘出，见图 6-8（a）、图 6-8（b）、图 6-8（c）、图 6-8（d）。

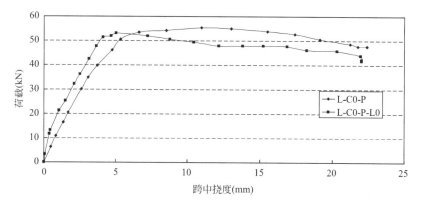

图 6-8（a）　配方 A 钢筋混凝土梁在两种气候环境下的荷载-挠度曲线

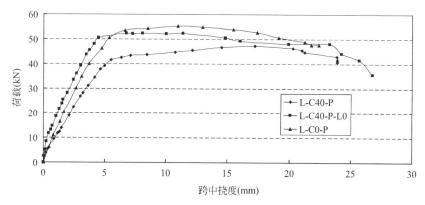

图 6-8（b）　配方 B 钢筋混凝土梁在两种气候环境下的荷载-挠度曲线

从图 6-8（a）中可以看出，与基准梁（L-C0-P）相比较，氯盐侵蚀环境下混凝土梁（L-C0-P-LO）在开裂前的弹性阶段，其刚度显著高于基准梁。达到屈服荷载后，荷载-挠度曲线即呈现出较明显的下降趋势，出现延性和刚度的急剧降低。分析认为，前期刚度的提高主要是由于在氯离子侵蚀作用下，混凝土内部钢

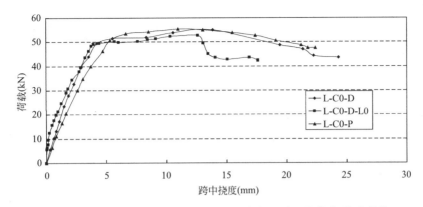

图 6-8（c）　配方 C 钢筋混凝土梁在两种气候环境下的荷载-挠度曲线

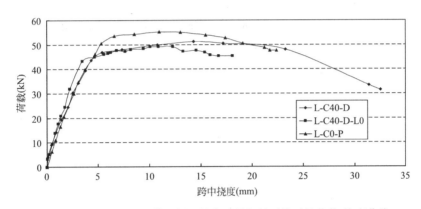

图 6-8（d）　配方 D 钢筋混凝土梁在两种气候环境下的荷载-挠度曲线

筋发生锈蚀，但锈蚀的程度有限，锈蚀产物与混凝土之间的耦合增大了混凝土与钢筋之间的黏结。后期承载力的急剧降低说明，在侵蚀环境的作用下，钢筋与混凝土材料的性能均发生了一定程度的退化，其延性大大降低。

从图 6-8（b）中可以看出，与基准梁（L-C0-P）相比较，掺入矿物掺合料后的混凝土梁，其荷载-挠度曲线的发展变化趋势基本一致。氯盐侵蚀环境下的梁在钢筋屈服前的刚度高于基准梁，达到屈服后其刚度退化比基准梁稍低，但降低的幅度不大，具有较好的延性。说明掺合料的加入有助于侵蚀条件下构件性能的改善。

从图 6-8（c）中可以看出，与基准梁（L-C0-P）相比，室内自然环境下的海砂混凝土梁前期刚度略高于基准梁，其荷载-挠度曲线变化趋势与基准梁基本一致，承载能力和延性均无明显的差异。而处于侵蚀环境下的淡化海砂混凝土梁，其前期刚度显著高于基准梁，达到屈服后又出现了刚度的快速衰退，并且在挠度发展不大的情况下发生了承载力的突然降低。分析认为，同配方 A 的梁，承载力的突然下降主要是由于其中的一根钢筋率先退出工作所致。

从图 6-8（d）中可以看出，与基准梁（L-C0-P）相比，掺入矿物掺合料的淡化海砂混凝土梁，其荷载-挠度曲线的发展趋势与基准梁大致相同。其中氯盐侵蚀环境下的梁前期刚度略高于基准梁，屈服后刚度显著变化。

通过观察分析可以看出，受氯盐侵蚀混凝土梁的荷载-挠度曲线有三个明显的拐点，从而将其受力和变形分为四个阶段，其特点是：

第 1 阶段：荷载较小时，挠度随荷载成比例变化，混凝土梁处于弹性工作状态，待裂缝即将出现时，则第 1 阶段结束，与普通环境下的混凝土梁相比，这一阶段的曲线斜率加大，梁的刚度有所增加。

第 2 阶段：随着荷载的增大，纯弯段内跨中位置出现第 1 批裂缝，开裂处钢筋的应力应变突然增大。此后，梁带裂缝工作，挠度增长的速度比开裂前要快，并不断出现新裂缝。开始纯弯段内的裂缝间距较大，约为 15cm。这一阶段的剪弯段也开始出现裂缝。待纵筋屈服时，第 2 阶段宣告结束。此时荷载约为 48kN，不同配方的混凝土梁存在一定的差异性。

第 3 阶段：纵筋屈服后，其拉应力基本保持不变，裂缝急剧开展，挠度急剧增大，原有的裂缝宽度增大，并不断向上开展，纯弯段内原有相邻裂缝间不断有新的裂缝出现，致使裂缝间距变小到 6~9cm。受压区混凝土出现梁长方向的纵向裂纹。梁上边缘混凝土压应变达到其极限压应变之前，这阶段结束。此阶段不同配方混凝土梁的荷载-挠度曲线呈现出较大的差异性，掺入矿物掺合料的梁有较为显著的缓慢上升趋势。

第 4 阶段：受压区混凝土上边缘受压破碎，开始时破碎程度较轻，此后受压区逐渐破碎直至退出工作。此阶段各配方混凝土的表现也不尽相同，掺入矿物掺合料的梁 P-f 曲线有较为平缓的下降段，而未掺矿物掺合料的淡化海砂混凝土梁出现了突然的下降段。

通过以上分析可认为在氯盐侵蚀环境作用下，未经高性能化的混凝土梁受氯离子侵蚀的程度较大，导致内部钢筋发生锈蚀，从而导致梁的延性以及刚度有一定的降低。而掺合料的掺入使得混凝土获得了较高的耐久性能，高性能化的海砂以及普通砂混凝土梁受侵蚀的程度大大减小，梁的延性及刚度没有显著的下降。

综上所述，再次说明了以耐久性指标为主要参考标准进行高性能化设计的混凝土构件，在侵蚀性环境的作用下，其力学性能的退化优于未经高性能化的普通混凝土结构；且从耐久性角度考虑，淡化海砂的使用对构件的力学性能并无不良影响。

6.5.2 截面应变分析

对于未受腐蚀的构件，已有的研究表明，钢筋混凝土的平截面应变基本符合平截面假定。而受到腐蚀后的混凝土梁，其内部钢筋锈蚀，并产生锈胀裂缝，钢筋与混凝土之间的黏结性能退化，黏结力逐步丧失。因此，锈蚀梁受力后，钢筋与混凝土的应变不再符合平截面假定，而存在钢筋应变滞后现象，也就是钢筋的应变不再与混凝土保持一致，而是小于混凝土的拉应变。

　　本试验以梁一侧的千分表读数与标距的比值作为该混凝土纤维层的应变，来验证平截面假定。跨中千分表的标距取为 150mm，千分表沿梁的高度等间距布置，共计 4 个测点。以侵蚀环境下普通河砂混凝土（L-C0-P-L0）及高性能化淡化海砂混凝土梁（L-C40-D-L0）的实测截面应变为例，受压为正，受拉为负，可得到加载过程中某些阶段的截面应变图，如图 6-9（a）、图 6-9（b）所示。

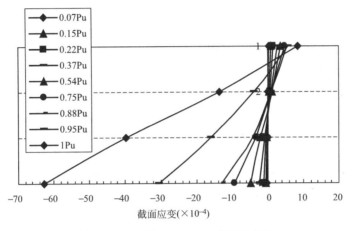

图 6-9（a）　梁 L-C0-P-L0 截面应变图

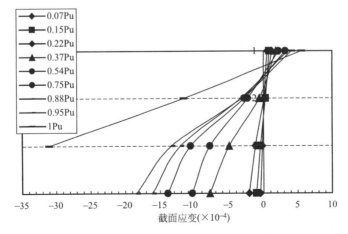

图 6-9（b）　梁 L-C40-D-L0 截面应变图

从应变图中可以看出一些规律：

1. 梁截面的上部为压应变，下部为拉应变，表明整个承载力过程中，沿梁截面高度方向，上部受压，下部受拉，且截面上边缘压应变最大，下边缘拉应变最大，故在截面某一层应变为零，即不受压也不受拉，这一层称为中和层，与截面的交线为中和轴。从图中可以看出，随着加载过程的不断进行，中和轴不断上移。

2. 图中将应变值连接起来，屈服前基本呈一条直线，说明试验梁横截面仍保持为一个平面，截面上应变分布呈平面应变规律，平截面假定在试验梁中仍然成立。分析认为，这主要是由于梁内钢筋没有腐蚀或腐蚀的程度不高所致，从另一方面也说明腐蚀环境下高性能化的淡化海砂混凝土与钢筋仍能保持很好的黏结性能。

从应力的角度来看，在荷载很小时，梁处于弹性阶段，截面应变图上中和轴上下基本成差不多大的三角形，受拉混凝土没有开裂，与混凝土内钢筋协同变形，但是由于钢筋的弹性模量比混凝土要大很多，因此钢筋的拉应力较周围混凝土所受的拉应力大。当混凝土达到极限拉应力开裂时，此时，截面受拉区原本由未开裂混凝土承受的拉应力释放到钢筋上，使钢筋产生较大的拉应力。钢筋屈服后，应力基本保持不变，裂缝急剧开展，中和轴上移，受压区高度缩短，为了保持截面力和弯矩平衡，受压区混凝土应力不断增大，待截面上边缘混凝土压应变达到极限压应变时，混凝土被压酥破坏，直至最外边缘混凝土最终退出工作。

6.5.3 试验梁的裂缝开展及破坏形态

本试验采用分级加载，每级荷载加完稳定 10min 后，记录梁的裂缝开展情况。室内自然环境以及氯盐侵蚀环境下的混凝土梁的受力横向裂缝发展情况分别见图 6-10（a）、图 6-10（b）。

1. 裂缝开展过程的描述

从开始加载到受拉区混凝土即将开裂，这一阶段由于弯矩很小，所测得的梁截面上各个纤维应变也很小，且变形的变化规律符合平截面假定。由于应变很小，这时梁的工作情况与均质弹性体梁相似，混凝土基本上处于弹性工作阶段，应力与应变成正比，受压区和受拉区混凝土应力分布图为三角形，这在上一节的截面应力分析中已有证明。

当荷载继续增大，受拉区边缘纤维应变恰好达到混凝土受弯时的极限拉应变，梁处于即将开裂的极限状态。当荷载施加到 6～10kN 时，在纯弯段抗拉能力最薄弱的截面处将出现第一批裂缝（一条或几条），一般情况下，第一批裂缝将出现在跨中附近，受弯裂缝出现时的宽度大约为 0.02～0.03mm，初始高度大

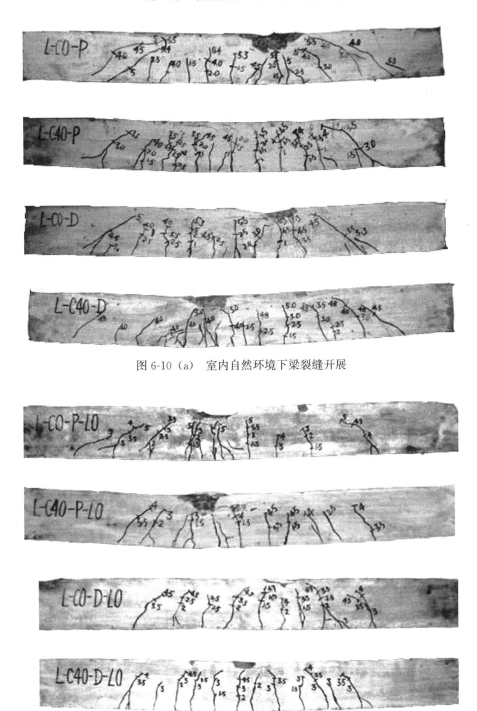

图 6-10（a）　室内自然环境下梁裂缝开展

图 6-10（b）　氯盐侵蚀环境下梁裂缝开展

约在 15～25mm 之间。开裂后混凝土受拉区应变急剧增加并退出工作，原来由混凝土承受的拉力转加给纵向钢筋，导致钢筋应力较开裂前突然增大许多，混凝土开裂的瞬间，钢筋混凝土梁的挠度突然增大，刚度明显降低，在荷载-挠度曲线上出现明显的转折。

裂缝出现后，随着外荷载的增加，梁的挠度逐渐增大，裂缝开展越来越宽，沿梁高不断向上延伸，从而使裂缝截面处的中和轴的位置也随之上移。当外荷载增加到 50％左右极限承载力时，数条裂缝已延伸至形心轴的位置，随着外荷载的增加，直裂缝的数量不再增加，原有裂缝变宽，并穿过形心轴沿梁高向上延伸。当外荷载增加至 55％～70％极限荷载时，在剪弯段梁腹部靠近形心轴的位置处出现斜裂缝，斜裂缝出现时倾角约 45°，随着荷载的增加，斜裂缝向支座和加载点两个方向延伸。当外荷载增加到 60％～80％极限荷载时，最宽的裂缝已达到 0.2mm。当荷载增加到界限荷载 P_u 时，边缘纤维压应变达到或接近混凝土受弯时的极限压应变，标志着梁已经开始破坏。其后，试验梁仍可继续变形，但承受的荷载将有所降低，最后在破坏区段上受压区混凝土被压碎，而完全破坏。

2.开裂荷载分析

试验中记录了梁的开裂荷载 P_{cr}。开裂荷载的确定可以从两个方面综合考虑。一方面，利用白灰涂抹试件表面，用肉眼观测寻找裂缝，将观测到第一级裂缝时的前一级荷载作为构件的开裂荷载值。另一方面，根据所绘制的荷载-挠度曲线，取该曲线上斜率首先发生突变的荷载值作为开裂荷载值。经综合考虑后，可以较为准确地确定构件的开裂荷载。表 6-4 为不同配方在不同环境下的开裂荷载取值。

梁的开裂荷载 P_{cr} 表6-4

混凝土配方	梁的开裂荷载（MPa）	
	环境 1	环境 2
A	5kN	11kN
B	5kN	8.4kN
C	5kN	10kN
D	4.5kN	4.2kN

从表 6-4 中可以看出，氯盐侵蚀环境（环境 2）下的开裂荷载值均高于室内自然环境（环境 1）的值，分析认为这主要是由于在氯盐干湿循环以及灯照的恶劣环境下，混凝土内部钢筋发生锈蚀所致。有资料表明在钢筋锈蚀程度有限的情况下（通常小于 5％），钢筋的锈蚀产物扩散到混凝土中，与混凝土耦合反而会提高钢筋与混凝土之间的有效黏结，增大了梁的早期刚度，从而导致了氯盐侵蚀

下混凝土梁的开裂荷载有所增加的现象。另外，侵蚀环境下掺入矿物掺合料的梁（配方 B、D）其开裂荷载的增加程度低于未掺掺合料的梁，表明高性能化的混凝土梁抵抗腐蚀介质的能力有了较为显著的提高。

3. 裂缝破坏形态分析

从裂缝分布图中可以看出，受压破坏时，室内自然环境下钢筋混凝土梁的裂缝分布与普通适筋梁的裂缝分布一致。而处于氯盐侵蚀条件下的钢筋混凝土梁，其裂缝分布与同配方的自然环境下梁相比较具有一定的差异，尤其是未经高性能化的混凝土梁，其差异性更为明显。即裂缝数量较少，相对集中在混凝土的弯曲段，且没有明显的弯剪斜裂缝。分析认为造成此种现象是由于氯盐侵蚀下的混凝土梁内部钢筋锈蚀而导致钢筋自身的性能退化以及混凝土性能的劣化、强度降低所造成的。鉴于钢筋锈蚀程度不大，故未出现典型的黏结破坏现象。

6.6　考虑环境因素作用的试验梁取样渗透性检测与分析

为了较为准确地评价试验梁在氯盐干湿交替环境作用下的耐久性能，需对其实际的混凝土抗氯离子渗透性进行检测。由于梁的两端在抗弯承载力试验过程中，受力较小，没有宏观裂缝开展，因此取样的位置定在梁的端部。混凝土取芯机的直径为 100mm（图 6-11a、b、c），所取芯样需进行加工，并用 NEL 法测混凝土的氯离子扩散系数来评价其渗透性。芯样的加工及测试方法见本书第 3 章相关内容。同条件下试样的氯离子扩散系数平均值作为其实测扩散系数，氯盐侵蚀环境及自然环境下梁的实测结果如图 6-12 所示。

图 6-11（a）　取芯设备　　　　　图 6-11（b）　所取芯样

图 6-11（c） 钻孔取芯后的试验梁

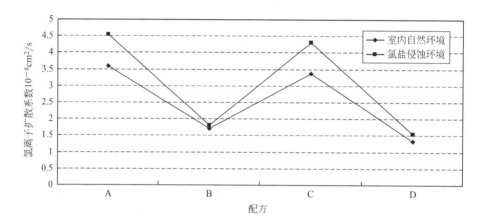

图 6-12 芯样实测氯离子扩散系数

混凝土配方	氯离子扩散系数	
	室内自然环境	氯盐侵蚀环境
A	3.6	4.55
B	1.71	1.81
C	3.38	4.31
D	1.32	1.77

从图 6-12 中可以看出，同环境条件下，掺入矿物掺合料的混凝土，其氯离子扩散系数较低，淡化海砂的氯离子扩散系数低至普通河砂，这说明高性能化的淡化海砂混凝土梁具有较好很好的抵抗氯离子渗透的能力。这也再次应验了本书第 3 章得出的结论。另外，室内自然环境下的混凝土氯离子扩散系数低于氯离子侵蚀环境下的混凝土氯离子扩散系数，这说明环境因素对混凝土结构抗氯离子渗透的影响是不容忽视的。

现以室内自然环境下混凝土的氯离子扩散系数为基准，则氯盐干湿交替环境对混凝土渗透性的影响系数可按公式（6-2）计算：

$$\eta_D = \frac{D'}{D_0} \tag{6-2}$$

式中　η_D——影响系数；

　　　D_0——各配方混凝土的基准扩散系数；

　　　D'——相同配方混凝土在氯盐干湿交替环境下的氯离子扩散系数。

通过计算可得氯盐干湿交替环境对 A、B、C、D 配方混凝土的氯离子扩散系数影响的系数分别为：1.26、1.19、1.28、1.15。从中可以看出，氯盐侵蚀环境对混凝土渗透性的退化是比较显著的，而高性能化的配方对其不良影响有一定的改善作用。

另外，从表中还可以看出，普通混凝土氯离子扩散系数的值在 $3.5 \times 10^{-8} \mathrm{cm}^2/\mathrm{s}$ 左右，约为本试验高性能化混凝土芯样实测氯离子扩散系数的 2 倍。有关文献 [75] 指出，在环境相同、混凝土保护层厚度相同的条件下，若混凝土氯离子扩散系数增大一倍，则钢筋表面氯离子达到临界浓度所需的时间就为原来的 1/2，由此可见，普通混凝土的高性能化具有非常积极的意义。

6.7　本章小结

1. 同种配方的淡化海砂混凝土的抗压强度略高于普通混凝土；掺入矿物掺合料后混凝土强度没有明显的增长，甚至有所降低。说明，对于普通强度的混凝土而言，掺合料的掺入对强度提高的影响并不显著，所谓的高性能化更侧重于对混凝土耐久性能的改善。

2. 相同配方的混凝土在氯盐干湿循环作用下强度比普通自然环境有所降低，环境影响系数约为 0.90。表明恶劣的外部环境使混凝土自身发生劣化，因此氯盐干湿循环因素在混凝土劣化方面的影响不容忽视。

3. 在氯盐干湿循环作用下，掺入矿物掺合料的梁出现锈蚀现象的时间大大滞后于未经高性能处理的钢筋混凝土梁。表明，矿物掺合料的掺入改善了混凝土的孔结构，提高了混凝土抗氯离子侵蚀的能力，从而使之获得了优良的耐久性。因此，将混凝土高性能化技术与海砂的利用相结合可以有效提升沿海地区混凝土结构的使用寿命。

4. 在室内自然环境条件下，淡化海砂混凝土梁以及高性能化后的淡化海砂混凝土梁，与基准梁的荷载-挠度曲线发展趋势基本一致。说明淡化海砂混凝土梁以及高性能化的海砂混凝土梁与普通钢筋混凝土梁具有相似的力学性能。

5.在氯盐干湿循环作用下，未经高性能化的钢筋混凝土梁受到氯离子侵蚀而发生劣化，其荷载-挠度曲线在钢筋屈服后的承载力下降明显加快，且刚度和延性均有一定程度的降低。而经高性能化处理的混凝土梁，其承载能力的退化现象不显著。另外海砂与普通砂因素对构件力学性能的影响并不显著。这说明环境因素以及材料高性能化对构件力学性能的影响较大，一方面恶劣的环境加速了构件力学性能的退化，另一方面高性能化的材料使构件抵抗环境侵蚀的能力有所提高。

6.平截面假定在氯盐侵蚀条件下海砂混凝土梁中依然成立；氯盐侵蚀条件下试验梁的初期刚度与开裂荷载有所增加；另外，矿物掺合料的掺入降低了环境因素对构件开裂荷载的影响。

7.相同配方的混凝土，在氯盐干湿交替作用下的渗透性大于自然环境下混凝土的渗透性，说明环境因素对混凝土渗透性的影响是不容忽视的，其影响系数约为1.22。另外，在氯盐侵蚀条件下，复合超细粉的掺入仍可有效地降低混凝土氯离子扩散系数，这再次证明了普通混凝土高性能化的重要意义。

第 7 章

氯盐侵蚀和弯曲荷载协同作用下高性能化海砂混凝土简支梁耐久性试验研究

实际结构在服役期内往往处于包括环境与力学因素在内的多因素协同作用状态，比如沿海地区的钢筋混凝土梁式构件主要受到氯盐侵蚀、钢筋锈蚀以及弯曲荷载等因素共同作用。而目前的耐久性研究大多集中在考虑各种环境腐蚀所导致的耐久性退化上，忽略了荷载作用的影响，这就使得研究不能如实地反映客观实际，需要进行改进。此外，针对海砂混凝土梁考虑力学状态的耐久性研究尚无相关报道，所以对此进行进一步的探讨意义重大。前一章节对两种环境下的海砂混凝土梁构件进行了先期的研究。本章主要进行考虑了弯曲持续荷载与氯盐侵蚀协同作用的海砂混凝土梁耐久性试验研究。

7.1 多因素协同作用下钢筋混凝土结构耐久性研究的必要性

我们知道钢筋混凝土结构的耐久性是指混凝土结构在自然环境、使用环境及材料内部因素作用下保持其工作能力的性能。耐久性的好坏决定着钢筋混凝土结构的使用寿命。由于其受到力学、物理、化学等方面的影响，所以耐久性问题十分复杂。通常的破坏因素可以分为：钢筋锈蚀、冻融循环、中性化、碱骨料反应、化学腐蚀、海水侵蚀、应力腐蚀、疲劳腐蚀八类，在这些破坏因素的作用下钢筋混凝土结构的使用寿命大大减少，其中氯离子侵蚀所造成的钢筋锈蚀问题尤为严重。特别是在沿海地区的混凝土结构，由于海洋环境中含有大量的氯离子，从而更容易导致钢筋锈蚀而使结构发生过早的损坏。

以往对于混凝土耐久性的研究是对各个因素单独进行的，进而对混凝土作出耐久与不耐久的评价。然而，很多情况下实际工程的耐久性破坏是多个因素交织在一起的，混凝土的破坏常常是各种物理、化学和力学因素综合作用的结果，各种因素促进和加速了混凝土的劣化和失效的过程。所以，仅根据单因素试验来分析实际工程中多因素作用下的混凝土结构耐久性，难以反映工程实际。因此，必须进行多因素试验来研究混凝土的耐久性。

对于沿海地区受氯盐腐蚀的混凝土而言，其氯离子的渗透同样会受到许多因素的影响。如桥梁可能承受动载、静载、干湿循环以及碳化等的同时作用；海岸工程也受到应力、海水腐蚀、干湿循环的同时作用。因此分析研究多因素影响下的混凝土中氯离子的渗透扩散更能反映实际工程的情况。混凝土在有外部荷载的作用下，内部微观结构会发生变化，影响氯离子的渗透；混凝土在经受干湿循环作用后，其孔结构也会发生变化，同样也会影响混凝土中氯离子的扩散。由此可见，针对沿海环境，研究荷载与氯盐干湿循环协同作用下结构的耐久性具有十分重要的意义。

7.2 对考虑荷载因素钢筋混凝土结构耐久性研究的再认识

由于绝大多数钢筋混凝土结构处于环境侵蚀与力学荷载协同损伤作用下，所以环境侵蚀与力学荷载的协同作用机理受到了研究人员越来越多的重视。目前国内外有关混凝土梁在荷载与环境协同作用下的耐久性研究主要集中在荷载作用下混凝土的抗渗性和荷载作用下的钢筋锈蚀两个方面。

1.荷载作用下混凝土的渗透性

刑锋等[56] 通过对处于 30% 和 50% 抗折强度状态下，并同时用 10%NaCl 溶液浸泡的素混凝土构件进行试验时发现：在荷载作用下的素混凝土受弯构件，其受拉区的氯离子渗透性随荷载的提高而增大，荷载较小时，增长幅度也小，当荷载进一步提高后，增长幅度也相应提高。文献认为：荷载对氯离子渗透性的影响，主要是与混凝土内部微观结构（如微裂缝、毛细孔数量和连通程度）的变化发生联系，荷载达到一定水平后，氯离子渗透性显著增大，即氯离子渗透具有结构敏感性。

大连理工大学的何世钦等[57] 通过 100mm×100mm×400mm 的混凝土小梁在不加载和施加 0.3、0.6 倍极限荷载状态下 3.5%NaCl 溶液中浸泡试验得出：混凝土浸泡时间较短时，弯曲荷载对氯离子在混凝土中的渗透性影响不大，随着浸泡时间的增长，氯离子在不同渗透深度处的含量随荷载的增大而增大；在持续弯曲荷载作用下，混凝土截面产生拉应力，使得混凝土中的微裂缝增多，氯离子扩散速度加快，扩散系数增大。

2.荷载作用下钢筋的锈蚀

对有关荷载产生的裂缝对混凝土内钢筋锈蚀的影响，学界存在两种不同的观点[60、61]：一种观点认为，裂缝的产生增加了腐蚀介质、水分和氧气的渗入，加快了腐蚀的发生，促进了腐蚀的发展；另一种则认为，裂缝对钢筋的锈蚀并不产生重要的影响，认为开裂仅会提前腐蚀的产生，腐蚀速度取决于阴、阳极间的电阻和阴极的供氧情况，氧气的供给是通过未开裂处混凝土保护层渗入的，取决于保护层的质量和厚度，因此，裂缝并不控制腐蚀速度，而是开启腐蚀进程，使裂缝处的钢筋首先活化。

虽有争论，但可以肯定的是裂缝的产生处将发生明显的宏电池反应，形成突出的坑蚀，并且裂缝往往发生在结构荷载较大处，此处的钢筋锈蚀将会有效降低构件的承载力，给结构带来安全隐患。特别是对于预应力结构，力筋处于高应力状态，裂缝的产生很可能会引起力筋的应力腐蚀。而且，长期持续荷载会引起徐变损伤、微裂缝的产生和连通，降低混凝土的保护层能力和力学性能。

此外，钢筋混凝土结构的力学性能是依靠钢筋和混凝土之间的协同工作来保证的。在荷载的作用下，钢筋和混凝土间将有相对滑移的趋势，而摩擦力、机械咬合力、化学黏结力等可以保证相对滑移值为零，当然这是在钢筋未出现严重锈蚀情况下。当钢筋的锈蚀层较薄及锈蚀量较小时，锈蚀产物将可能增加混凝土与钢筋间的黏结性能，但当锈蚀量较大时，产生较厚较疏松的锈蚀层，此时，荷载的存在势必将加速钢筋与混凝土间黏结性能的退化。所以对于实际结构中的梁，在侵蚀环境和力学荷载的协同作用下，其底部受力钢筋与混凝土间将会有更大的相对滑移力。

7.3　试验设计和方法

7.3.1　试验方案

本书关于海砂钢筋混凝土梁部分总体方案主要考虑了四种不同的配方、三种不同的外界环境（室内自然环境、氯盐干湿循环环境、氯盐干湿循环和弯曲荷载协同作用环境）、两种不同的加载等级这三个主要因素。比较同种环境下，不同配方的海砂混凝土梁的性能差异，以及同种配方的海砂混凝土梁，在不同环境、不同加载等级下其力学性能、耐久性能的变化情况。前一章主要针对的是两种气候环境，本章将主要研究弯曲荷载作用下，氯盐侵蚀环境对海砂混凝土梁加速腐蚀过程的影响；并且对比分析氯盐侵蚀条件下，加载梁与不加载梁性能上所产生的差别。

本章试验的梁浇筑后养护 28 天，然后在实验大厅放置 30 天后置入加载装置，分 5 级加至设计持续荷载后，对梁进行干湿循环。荷载分为 2 个级别：0%（即不加载）、40kN（80%理论计算极限荷载）。为了模拟近海环境氯离子侵蚀作用，试验中采用 10%NaCl 溶液浸泡，红外灯照干燥的机制模拟加速钢筋混凝土梁性能退化。循环机制如下：10％NaCl 溶液浸泡 4 小时，红外灯照 20 小时，每天 1 个循环。在此过程中，定期更换氯盐溶液，以保证溶液的浓度。试验腐蚀过程停止后使用电液静动态伺服机做承载力试验。试验过程中跟踪观测裂缝的发展变化情况，梁挠度的变化情况等。

7.3.2　试件的制作

为了进行对比分析，本加载试验的构件尺寸、配筋以及所用配方与上章完全相同。详细配合比见第 5 章图 5-2，构件尺寸见第 5 章图 5-1，构件的制作步骤见 5.2 节。本章的构件编号如表 7-1 所示。

试件编号

表 7-1

编号	高性能混凝土配方	长期持续荷载(kN)	根数
L-C0-P-L80	A	40	1
L-C40-P-L80	B	40	1
L-C0-D-L80	C	40	1
L-C40-D-L80	D	40	1

7.3.3　加载试验装置

实际工程中的受弯构件一般都是在承受一定的弯曲荷载作用下抵抗外界侵蚀环境的，试验中使梁保持一定的弯曲荷载，梁上持续荷载加载方式与最终承载力加载方式相同，采用分配梁进行简支三分点加载，加载示意图及内力图如图 7-1 所示。

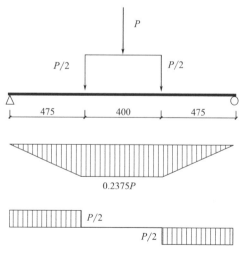

图 7-1　梁上持续荷载及内力图

利用反力架，通过机械式千斤顶加载，梁 L-C0-P-L80、L-C0-D-L80 放入一个加载装置中，L-C40-P-L80、L-C40-D-L80 放入另一个加载装置。由于梁的徐变、支座沉降、千斤顶卸载等原因，试验过程中需不断调节千斤顶，保持梁上荷载维持在设计值。每个加载装置采用 2 个 275W 的红外灯泡灯照干燥，为了使三根构件处于相同的环境，红外灯泡对称放置，两套加载装置的灯泡放置位置等同，两个灯泡间距 500mm，距梁顶面 300mm。盐溶液浸泡时，液面超过梁顶面 20mm。试验前应对水槽进行防腐处理。试验装置示意见图 7-2（a），装置实物如图 7-2（b）、图 7-2（c）所示。

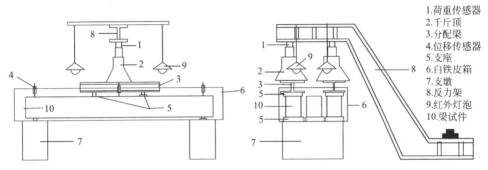

1.荷重传感器
2.千斤顶
3.分配梁
4.位移传感器
5.支座
6.白铁皮箱
7.支墩
8.反力架
9.红外灯泡
10.梁试件

图 7-2（a）　荷载与环境共同作用下试验装置示意图

图 7-2（b）　荷载与环境共同作用下试验装置实物图

数据采集装置：试验过程中，荷重传感器的荷载值由配套的仪器显示；位移计位移、应变片的数据由 DataTaker800 完成采集，温湿度由温湿度传感器采集。

图 7-2（c） 数据采集装置

7.3.4 测试内容及方法

1.试验梁的表观变化过程

试验进行后，定期观测记录试验梁的表观变化情况，包括出现锈蚀现象的时间以及锈胀裂缝的开展情况等。

2.受荷梁的挠度变化过程

在试验梁承受长期持续荷载过程中，由于支座沉降、装置简支撑在腐蚀环境中锈蚀变疏松等，需要在梁的跨中和两端支座各布置一个位移计，以测得梁在两种因素共同作用下的挠度变化过程。

3.受荷梁混凝土的应变变化过程

在梁跨中底部的受拉区域并排布置应变片两个，以观测荷载作用下，受氯盐侵蚀混凝土的长期变形。

4.梁上持续荷载

利用反力架通过千斤顶加载，在千斤顶和反力架之间，放置荷重传感器，连接显示器，长期跟踪观测梁上荷载大小，出现波动及时调整。

5.梁的抗弯力学性能

干湿循环结束后，从加载装置中取出试验梁，做简支抗弯承载力试验，试验具体方法见上章 6.5 节。

6.混凝土渗透性

抗弯承载力试验结束后在梁端取直径为 100mm 的芯样，加工后用 NEL 法测氯离子扩散系数来评价其渗透性，方法详见本书第 3 章相关内容。

7.3.5 传感器标定

试验中主要运用了三种传感器：应变片、位移传感器、荷重传感器。其中荷重传感器由配套的显示器显示数值，其他传感器由 DataTaker800 数据采集仪记录数据。传感器布置见表 7-2。

传感器布置 表 7-2

梁编号	荷重传感器	跨中位移计	两端支座位移计	跨中应变片
L-C0-P-L80	荷重传感器 1	百分表 1'	位移计 1、位移计 2	应变片 1、应变片 2
L-C0-D-L80	荷重传感器 1	百分表 2'	位移计 3、位移计 4	应变片 3、应变片 4
L-C40-P-L80	荷重传感器 2	百分表 3'	位移计 5、位移计 6	应变片 5、应变片 6
L-C40-D-L80	荷重传感器 2	百分表 4'	位移计 7、位移计 8	应变片 7、应变片 8

为准确测度梁的位移数值，试验前对位移传感器进行了标定。标定方法：由于数据采集仪所采的集位移计的电信号与实际位移之间存在一一对应的线性关系，故可用标定仪器对其进行线性标定。标定结果见图 7-3。

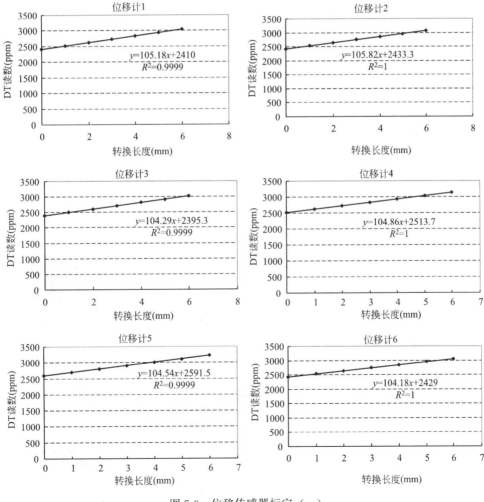

图 7-3　位移传感器标定（一）

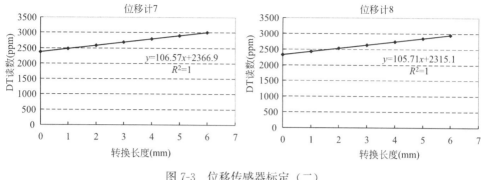

图 7-3　位移传感器标定（二）

图中所示线性公式中 y 代表 DT800 采集仪读数，单位为"ppm"；x 为转换的长度读数，单位为"mm"。

7.4　试验过程及分析

7.4.1　试验过程中梁的表观变化

加载至设计值后，梁的跨中以及剪弯段均出现数条裂缝，裂缝的开展、分布情况与适筋梁类似。随着试验的进行，跨中裂缝向上延伸发展，后不再延伸，且裂缝处在较短的时间内有铁锈渗出。试验过程中跟踪观测梁的锈蚀情况和裂缝发展情况，其表观现象见图 7-4。

图 7-4　试验进行时梁的表观现象

通过对试验过程的观测可以发现，同种配方的混凝土梁，不加载的梁其表面锈斑出现的时间滞后于加载梁。就锈蚀程度而言，加载梁的锈蚀痕迹明显多于不加载的梁。不同配方的混凝土梁，加入矿物掺合料梁锈斑出现的时间明显滞后于未进行高性能化处理的梁（表7-3）。到试验结束时，经高性能化的混凝土梁，除在受力裂缝处有较为明显的锈蚀痕迹外，表观基本没有出现锈斑。

试验梁表观出现锈蚀的时间列表　　　　　　　　　　　　表7-3

凝土配方	表观出现锈蚀的时间	
	加载环境	非加载环境
A	28d	40d
B	90d	120d
C	28d	39d
D	95d	123d

7.4.2　试验过程中梁的跨中挠度变化

试验过程中通过调节千斤顶，使荷重传感器读数始终维持在设计荷载值左右。试验过程中各加载梁的挠度随试验时间的变化关系如图 7-5（a）、图 7-5（b）、图 7-5（c）、图 7-5（d）所示。

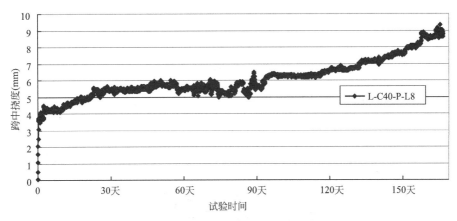

图 7-5（a）　梁 L-C40-P-L8 跨中挠度随时间变化曲线

从挠度图中可以看出，试验梁在加载至设计荷载值，产生相应的变形后，挠度随试验时间向上发展，即梁的挠度在荷载与盐溶液干湿循环共同作用下，随试验时间的变长，挠度不断增大。开始阶段，挠度增长速度较快，这是因为横向受力裂缝的开展，截面受到损伤，刚度下降，此后，挠度基本保持以较小的速度增长。试验后期挠度又有较快速度的增长，说明开裂处的钢筋在应力腐蚀条件下性

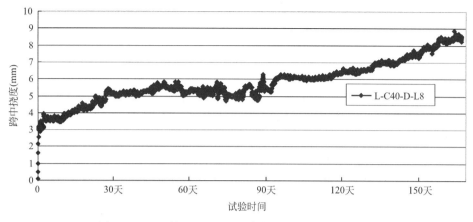

图 7-5（b） 梁 L-C40-D-L8 跨中挠度随时间变化曲线

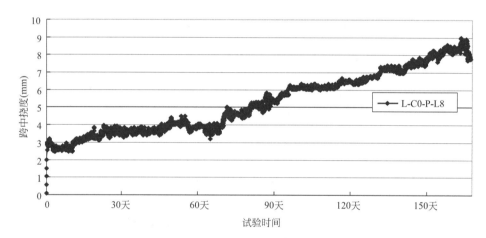

图 7-5（c） 梁 L-C0-P-L8 跨中挠度随时间变化曲线

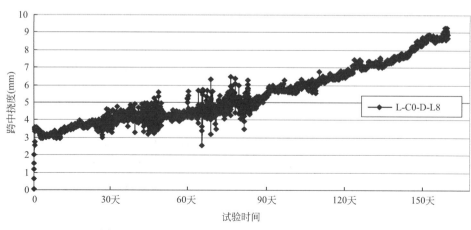

图 7-5（d） 梁 L-C40-P-L8 跨中挠度随时间变化曲线

能不断退化，延性不断降低。在挠度-时间曲线上选取有代表性的点，求得实测梁跨中长期变形增量见表 7-4。

梁实测长期变形增量（mm）　　　　　表 7-4

构件编号	初始变形	增量	试验时间（天）					
			30	60	90	120	150	最终
L-C0-P-L8	3.0	长期变形	3.8	4.0	5.2	6.5	7.8	9.0
		增长百分%	26.7	33.3	73.3	116	160	200
L-C0-D-L8	3.5	长期变形	4.0	4.2	4.6	6.2	7.8	9.0
		增长百分%	14.3	20	31.4	77.1	122	157
L-C40-P-L8	3.6	长期变形	5.5	5.5	5.6	6.5	7.6	9.0
		增长百分%	52.8	52.8	55.6	80.6	111	150
L-C40-D-L8	3.2	长期变形	5.2	5.3	5.4	6.4	7.5	8.6
		增长百分%	62.5	65.6	68.8	100	134	169

注：表中长度单位为"mm"，百分率为增量除以各自初始变形。

钢筋混凝土构件在长期荷载作用下，除了产生即时变形外，当荷载持续作用时，变形随时间而增大，刚度随时间而降低。主要原因是：受压区混凝土产生徐变变形，使压应变随时间增长；受拉区裂缝间混凝土因应力松弛及其与钢筋之间的黏结滑移徐变而逐渐退出工作，使钢筋拉应变随时间增长；受压区和受拉区混凝土收缩不一致，引起构件曲率随时间增大。

收缩是混凝土在非荷载因素下体积变化而产生的变形。混凝土在空气中凝固和硬化，收缩变形是不可避免的，主要原因有：水泥水化生成物体积小于原材料体积而引起的化学性收缩；干燥时毛细孔水和凝胶体吸附水的蒸发而引起的物理性收缩。水泥的品种和用量、骨料性质和含量、养护条件、使用期的环境条件等也是影响收缩的主要原因。

徐变是混凝土在施加荷载时，除了加载后立即产生瞬时应变外，还在荷载的持续作用下，产生随时间增长而不断增加的应变。主要是水泥凝胶体的黏性流动，以及骨料界面和砂浆内部微裂缝发展的结果。影响混凝土徐变的因素有：原材料和配合比、应力水平、加载龄期、养护条件、使用期的环境条件等。

通过以上分析可以发现：

1. 在长期持续荷载和氯盐溶液干湿交替共同作用下，钢筋混凝土梁挠度增长呈现出初期较快、中期变缓、后期加速增长的势态。特别是试验的后期阶段，增长百分率甚至达到了 150% 以上。普通大气环境下引起梁变形的主要因素有荷载、混凝土收缩和徐变等。腐蚀环境中长期持续荷载作用下，受压区混凝土徐变变形随时间不断增长，受拉区混凝土应力松弛，如果混凝土与钢筋的黏结力较弱，甚于两者间发生相对滑移，受压区和受拉区的配筋量不同，钢筋对混凝土变形的约束拉压区不同，引起挠度增加；试验中，梁受拉区混凝土开裂，裂缝处钢筋的应力松弛也是梁挠度增大的一方面原因。无应力混凝土试块后期强度下降，从另外一方面反映了盐溶液干湿交替这一腐蚀环境对混凝土微观结构的损伤。而在持续荷载作用下，混凝土发生应力腐蚀，内部微裂缝不断的扩展、增加，许多微裂缝的贯通形成宏观裂缝，发展的速度较单因素作用下快，致使梁的变形增量较大。并且，钢筋与混凝土黏结界面在应力腐蚀下也可能发生性能退化，使混凝土对钢筋约束刚度降低。

2.不同配方的混凝土梁，其挠度的增长程度也呈现出一定的差异性。矿物掺合料因素的影响较为显著，加入掺合料的梁挠度的增长趋势较未掺入的梁缓慢一些，说明掺合料的加入可以改善恶劣条件下混凝土梁的力学性能。另外，海砂与普通河砂因素对挠度发展的影响并不显著。

3.如果构件在持续受荷状态下加速其性能退化称之为构件的应力腐蚀，则通过试验现象及其产生的原因可以分析得出：应力腐蚀加速了梁耐久性能退化，且应力水平越大，退化速率越快。荷载在腐蚀环境加速钢筋混凝土梁性能退化过程中起到了不可忽略的影响。

对挠度-时间关系进行回归分析，假设时间与挠度成乘幂关系，则梁 L-C0-P-L8、L-C0-D-L8、L-C40-P-L8、L-C40-D-L8 在长期持续荷载与腐蚀环境共同作用下挠度随时间变化方程分别为：

$$f_A = 0.4732 \cdot t^{0.306} , (t > 100, R^2 = 0.7598)$$
$$f_B = 0.6834 \cdot t^{0.2645} , (t > 100, R^2 = 0.7075)$$
$$f_C = 1.6076 \cdot t^{0.1706} , (t > 100, R^2 = 0.7205)$$
$$f_D = 1.1786 \cdot t^{0.2041} , (t > 100, R^2 = 0.8044)$$

根据回归方程，各配方梁的长期跨中挠度变化趋势见图7-6。

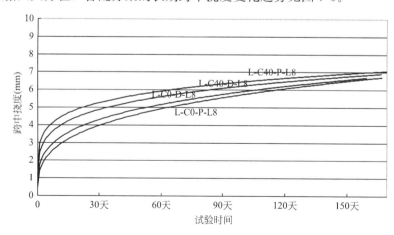

图 7-6　梁跨中挠度变化趋势

7.4.3　试验过程中混凝土的应变变化

持续加载试验期间连续记录了混凝土受拉区的应变变化情况。由于试验处于氯盐干湿循环的恶劣环境下，混凝土应变片虽经防腐处理，但仍然在测试进行后的 40 天左右先后出现了破坏，因此后期的应变测量不准确，现只给出加载后 40 天混凝土的应变随时间的变化关系，如图 7-7 所示。

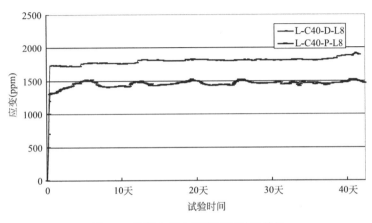

图 7-7　混凝土最大拉应变与时间关系

由图 7-7 可见，随着时间的增长，混凝土最大拉应变在受荷初期有一定的增长趋势，后趋于平缓。可见持续加载对混凝土拉应变的增长的影响并不显著。可以认为，这是由于随着混凝土损伤的发展，在恒定弯曲荷载作用下，钢筋混凝土构件中的钢筋所承受的应力逐渐增大，而混凝土承受的应力逐渐减小所致。

7.5　简支梁抗弯试验结果及分析

循环结束后，卸除梁上的荷载，待其挠度恢复后对梁进行抗弯承载力试验，加载方式相同，采用简支形式，加载装置及加载制度见第 6 章。

7.5.1　梁的抗弯承载力

实测梁的荷载-跨中挠度曲线如图 7-8 所示。图中各梁的挠度均为抗弯承载力试验时各级荷载下梁的跨中变形值，不包括卸载后梁的残余变形。在进行抗弯承载力试验前，各加载梁均已存在横向弯曲裂缝。图中梁 L-C0-P 为基准梁。

从图 7-8 中可以看出：

1.各加载梁的荷载-挠度曲线在屈服前斜率变化不大，与基准梁 L-C0-P 相

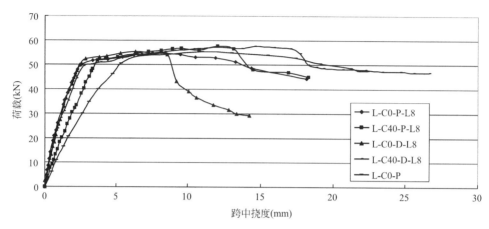

图 7-8　不同配方的梁在荷载与干湿循环共同作用下的荷载-跨中挠度曲线

比，加载至屈服前，同级荷载下，加载梁的跨中变形显著小于基准梁的变形，即加载梁在屈服前具备较高的刚度。分析出现这种状况的主要原因是：①加载梁在较高荷载的持续作用下，产生了塑性变形，其中的钢筋已进入屈服、强化阶段。卸载后，梁得到强化，特别是长期持续荷载产生的裂缝处的钢筋得到强化；②在抗弯承载力试验前，长期持续荷载使各加载梁的纯弯段内已产生弯曲裂缝，梁内钢筋的应变较大，且在荷载与腐蚀环境共同作用下，钢筋与混凝土的黏结性能可能发生退化，屈服前的加载过程中，拉应力不能有效地传递给混凝土，相当一部分拉应力由损伤截面处的钢筋承担，梁的裂缝开展较少，刚度变化不大。

2.不同配方的混凝土梁达到屈服荷载后，其荷载-挠度曲线的发展具有一定的差异，未掺入矿物掺合料的梁在挠度增长不大的情况下发生了承载力的突然下降，其屈服后刚度的退化快于经高性能化处理的钢筋混凝土梁。说明高性能化的混凝土梁在荷载与侵蚀环境的协同作用下，其性能仍优于普通混凝土梁。

另外，参考本书第 6 章的试验结果，对不同环境下同种配方的钢筋混凝土梁的荷载-挠度曲线进行汇总分析，如图 7-9（a）～图 7-9（d）所示。

为便于分析说明，现将室内自然环境称之为环境 1，氯盐侵蚀环境称之为环境 2，氯盐侵蚀与弯曲荷载协同作用环境称之为环境 3。

从图 7-9（a）中可以看出，与环境 1 下的梁相比，环境 3 下的混凝土梁承载力有较大的提高，从加载到屈服阶段，其荷载-挠度曲线形势更陡峭，斜率更大。这说明在环境 3 的作用下前期的刚度有较明显的提高，而环境 2 的情况介于环境 1、3 之间。达到屈服后环境 2 和环境 3 的混凝土梁的荷载-挠度曲线即呈现出较明显的下降趋势。

从图 7-9（b）中可以看出，与环境 1 下的梁相比，环境 3 作用下的混凝土梁承载力提高的幅度较大，屈服前的荷载-挠度曲线更陡峭，即早期刚度更大。而

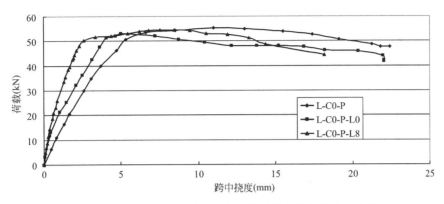

图 7-9（a）　不同环境下 A 配方钢筋混凝土梁荷载-挠度曲线

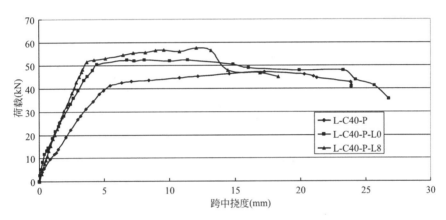

图 7-9（b）　不同环境下 B 配方钢筋混凝土梁荷载-挠度曲线

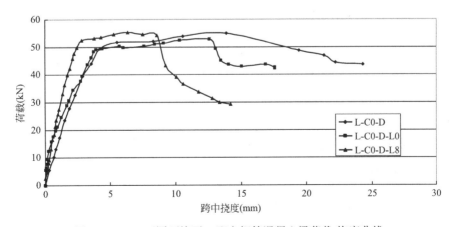

图 7-9（c）　不同环境下 C 配方钢筋混凝土梁荷载-挠度曲线

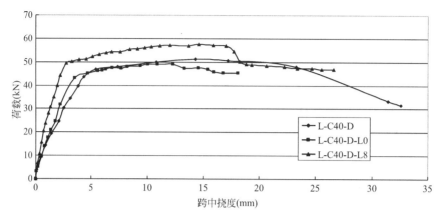

图 7-9 (d)　不同环境下 D 配方钢筋混凝土梁荷载-挠度曲线

环境 2 的情况更接近于环境 3。达到屈服后，环境 3 的混凝土梁在挠度变化相对不大的情况下出现了承载力的下降。

从图 7-9 (c) 中可以看出，与环境 1 下的梁相比，环境 3 作用下的混凝土梁承载能力有了较大的提高，其屈服前的刚度显著高于环境 1，达到屈服后，环境 3 作用下的梁在挠度增长较小的情况下出现了承载力的突然降低。环境 2 的情况介于环境 1、3 之间。

从图 7-9 (d) 中可以看出，与环境 1 下的梁相比，环境 3 作用下的梁的承载力有了较大的提高，前期刚度大于其他两个环境，但后期荷载-挠度曲线呈现出缓慢上升的趋势，其延性和刚度的退化与环境 1、2 相比变化相对较小。

综上所述，与环境 1 相比，环境 3 作用下的各配方混凝土梁，其承载力均有提高，其屈服前的荷载-挠度曲线的斜率均高于环境 1，但屈服后随着挠度的发展又都不同程度地呈现出曲线的突然下降。环境 2 的情况介于环境 1 与环境 3 之间。这说明与环境 1、2 相比，环境 3，即氯盐侵蚀与弯曲荷载协同作用环境对钢筋混凝土梁的侵蚀作用最为显著，而且与单因素的侵蚀效果相比，荷载的叠加作用更加剧了钢筋的锈蚀以及钢筋和混凝土材料性能的退化。

同时，还可以看到使用矿物掺合料的混凝土梁，在环境 2 及环境 3 的作用下其屈服后荷载-挠度曲线的变化趋势较为接近，刚度的退化均有所改善，说明高性能化的混凝土梁在环境 3 的作用下抵抗侵蚀的能力有所增强。

7.5.2　梁的延性分析

由前面对侵蚀条件下钢筋混凝土梁的分析可知，钢筋锈蚀，钢筋与混凝土性能发生退化后混凝土梁的破坏形式，由典型的适筋梁延性破坏转变为没有明显预兆的承载力的突然下降，对于构件和结构的受力性能有很大影响，因此对侵蚀条件下钢筋混凝土梁延性性能的研究非常重要。

截面延性通常用延性系数指标表示。延性系数指标由两种表示方法，位移延性系数和曲率延性系数，它们分别为钢筋屈服时构件的跨中位移、截面曲率与极限状态时构件的跨中位移、截面曲率之比。本书采用位移延性系数定量地反映梁的延性性能，位移延性系数由下式表示：

$$\mu_\Delta = \frac{f_u}{f_y} \tag{7-1}$$

式中　μ_Δ——位移延性系数；

f_u——极限位移，即破坏或极限强度时相应的位移；

f_y——屈服位移，即受拉钢筋屈服时的位移，或构件的变形曲线发生明显转折时的位移。

由试验结果计算位移延性系数，如表7-5所示。

试验数据具体结果及处理　　　　　　　　　表7-5

构件编号	环境	屈服荷载 P_y(kN)	极限荷载 P_u(kN)	屈服位移 f_y(mm)	极限位移 f_u(mm)	位移延性 f_u/f_y	配方
L-C0-P	室内自然	50.5	55.3	4.7	10.9	2.31	A
L-C0-P-L0	氯盐侵蚀	51.3	53.14	4.1	5.03	1.22	A
L-C0-P-L8	荷载氯盐	50.2	54.6	3.3	7.56	2.29	A
L-C40-P	室内自然	41.4	47.3	5.5	17.2	3.1	B
L-C40-P-L0	氯盐侵蚀	50.6	52.4	4.47	11.3	2.53	B
L-C40-P-L8	荷载氯盐	51.67	57.5	3.68	12.05	3.27	B
L-C0-D	室内自然	49.4	54.9	4.26	13.85	3.25	C
L-C0-D-L0	氯盐侵蚀	49.1	52.77	3.95	12.5	3.16	C
L-C0-D-L8	荷载氯盐	52.4	55.3	2.85	6.36	2.23	C
L-C40-D	室内自然	43.6	51.31	4.34	14.31	3.29	D
L-C40-D-L0	氯盐侵蚀	43.2	49.1	3.46	10.89	3.15	D
L-C40-D-L8	荷载氯盐	49.4	57.17	2.73	12.00	4.39	D

从试验结果中可以很直观地看出：同种配方的梁，室内自然环境下的位移延性相对较大；而侵蚀环境下位移延性有所降低。不同配方的梁，未掺矿物掺合料的梁在侵蚀环境下位移延性的退化相对明显，而掺入了矿物掺合料的梁位移延性的降低并不显著，甚至有所提高。另外，使用淡化海砂的混凝土梁总体上的位移延性优于普通混凝土的位移延性。

分析认为，在氯盐侵蚀作用下，钢筋与混凝土材料的性能发生退化，导致该构件位移延性有所降低，但是由于钢筋腐蚀程度不高，使得单因素与复合因素对位移延性的影响区分度不大。掺合料的加入，提高了混凝土材料抵抗氯盐侵蚀的能力，使混凝土及内部钢筋性能的退化程度降低，故其位移延性与未受侵蚀的梁相当，甚至提高了位移延性。而淡化海砂从原材料的层次上看其性能指标更优，反映在构件上其位移延性有了整体上的提升。

7.5.3 梁的裂缝开展及破坏形态

试验过程中，记录了各个加载等级下梁裂缝的发展情况，见图 7-10。

图 7-10 梁裂缝开展

对比第 6 章的裂缝图形可以发现，侵蚀环境与弯曲荷载协同作用下的钢筋混凝土梁，其裂缝开展情况与基准梁存在一定的差异。

室内自然环境下的混凝土梁由于受腐蚀程度较轻，钢筋与混凝土保持良好的黏结性能，纯弯段内出现垂直裂缝，剪弯段内裂缝有向加载点延伸的趋势，破坏前纯弯段受压区混凝土出现沿压力方向的裂缝，继续加载，梁顶混凝土剥离，破坏混凝土的厚度较小，构件的破坏形式为正截面受弯适筋破坏。而氯盐侵蚀与弯曲荷载协同作用下的梁与室内自然环境下的控制梁相比，纯弯段内裂缝开展较为完全，剪弯段内裂缝开展高度不够，且未掺入掺合料的梁此类特征更为显著。

分析认为，主要是由于梁在长期应力状态下腐蚀，在弯曲应力较大的纯弯段，特别是受拉区，混凝土微裂缝不断开展，性能劣化，且跨中横向受力裂缝处钢筋锈蚀情况相对较重，从而梁在此段结构性能退化相对严重，形成薄弱区。另外，由于梁上持续荷载较大，梁发生塑性变形，干湿交替结束卸载后，梁存在残余变形，钢筋也由于塑性变形得到强化，存在残余应变，且跨中强化程度高，越靠近两端支撑越低，再次加载，纯弯段截面曲率变化大，剪弯段小，所以弯曲裂缝主要集中在纯弯段，剪弯段内裂缝开展较少。而掺入掺合料后，梁抵抗侵蚀的能力增强，所以其裂缝分布的变化没有未掺入矿物掺合料那么明显。

7.6 考虑多因素作用的试验梁取样渗透性检测与分析

为对氯盐侵蚀与弯曲荷载协同作用下的混凝土渗透性做出评价，本章采用与第6章相同的方法在梁端取芯，用 NEL 法测量其抗氯离子渗透性，试验结果见图 7-11。

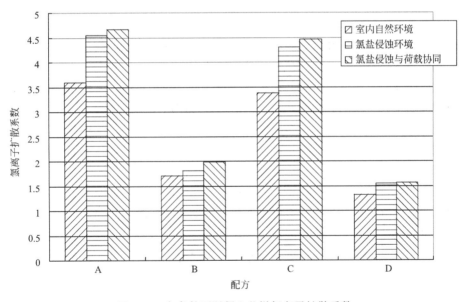

图 7-11　各条件下混凝土芯样氯离子扩散系数

从图 7-11 中结果分析可以发现，侵蚀环境下普通混凝土氯离子扩散系数比室内自然环境下大约 25%，这与它们间的强度关系表现出一定的相关性。盐溶液干湿循环破坏了混凝土的微观结构，一方面导致强度降低；另一方面增加了混凝土的渗透性，减轻了腐蚀介质入侵的难度，将提高钢筋锈蚀速度，给耐久性带来不利影响。

另外，由于本试验所取的芯样位于支座端部，可以认为此处的荷载基本为零，所以加载与不加载试验所取芯样的氯离子渗透系数基本一致，区分度不大。

但有研究表明[57,80]：应力腐蚀对混凝土内部微观结构的损伤比对混凝土宏观力学强度的影响更大，在外加拉应力作用下，混凝土中的原始裂缝会进一步扩展、延伸，当拉应力增大到一定程度时，还将产生许多新的微裂缝，由液体在固体孔隙中的转换机理可知，孔径的微小变化将引起液体流量较大的变化，因此，在有外部应力作用的情况下，氯离子在混凝土中的扩散速度加快，扩散系数增大，尤其是在外部荷载应力较大的情况下。还有，由于矿物掺合料的掺入，显著降低了混凝土的氯离子扩散系数，并且使其对环境的敏感性降低，此时环境对扩散系数的影响仅有大约 10%，大大改善了材料的耐久性能，从而抑制了构件在侵蚀环境下力学性能的退化。

7.7　本章小结

本章主要研究氯盐侵蚀和弯曲荷载协同作用对海砂混凝土梁耐久性退化过程及抗弯承载力的影响，并研究该腐蚀环境下，不同配方海砂混凝土强度、渗透性的变化规律。

1. 从构件的表观变化来看，持续加载条件下，铁锈渗透到表面形成的锈斑的时间和程度均大于不加载的梁，从宏观上可以说明由于荷载的参与作用，钢筋开始锈蚀的时间提前了。同时，掺入矿物掺合料，进行高性能化的梁，其出现锈蚀的时间大大滞后于普通混凝土梁，这从宏观上也说明由于矿物掺合料的参与，构件的耐久性能有了较大改善。

2. 长期持续荷载与腐蚀环境共同作用下，梁挠度在加载前期与后期均有较大的增长，且数值明显高于理论上由于混凝土收缩和徐变而引起的变形量。掺入矿物掺合料后，其挠度变化的程度有所放缓。

3. 长期持续荷载与腐蚀环境共同作用下，混凝土最大拉应变在受荷初期有一定的增长趋势，后趋于平缓。这与预想的情况不一致，分析认为，是由于随着混凝土损伤的发展，在恒定弯曲荷载作用下，钢筋混凝土构件中的钢筋所承受的应力逐渐增大，而混凝土承受的应力逐渐减小所致。

4. 与没有考虑荷载因素的梁相比，加载腐蚀梁屈服前刚度有所增大，但屈服后荷载-挠度曲线出现下降时挠度发展较小；同腐蚀条件下，经高性能化处理的混凝土梁对环境因素的敏感性降低，其屈服后构件力学性能的退化情况有所改善。

5. 与没有考虑荷载因素的梁相比，抗弯承载力试验过程中加载腐蚀梁剪弯段内裂缝较少，裂缝大都集中出现在纯弯段；同样，经高性能化处理的混凝土梁的裂缝分布特征对环境的敏感性有所降低。

6.长期持续荷载与腐蚀环境共同作用破坏了混凝土微观结构，使普通混凝土氯离子扩散系数有较大增长，抗腐蚀介质渗透性降低，对钢筋混凝土结构耐久性不利。但由于矿物掺合料的加入（高性能化），降低了环境因素对扩散系数的影响，从而改善了材料的耐久性能。

■ 第**8**章 ■

沿海地区海砂钢筋混凝土结构
耐久性损伤机理及对策研究

沿海地区掺海砂混凝土结构耐久性损伤的最主要原因是混凝土中钢筋的锈蚀，而氯离子的腐蚀是引起钢筋锈蚀的直接原因，研究氯离子的腐蚀机理以及混凝土中的钢筋锈蚀，是分析既有结构性能退化及耐久性评定的关键工作，对于沿海地区掺海砂混凝土结构的应用有着十分重要的意义。本章主要介绍氯离子腐蚀机理及其导致的钢筋锈蚀情况，并在此基础上提出对策。

8.1 沿海地区钢筋混凝土结构损伤机理的再认识

通过前面章节的介绍我们知道，在耐久性问题中，钢筋锈蚀是首当其冲的核心问题，而在引起钢筋锈蚀的因素中，混凝土碳化与氯离子侵蚀作用最为显著。近年来，各国学者对碳化的研究已经初步形成一套较为完整的理论。但是对于氯离子腐蚀机理及钢筋锈蚀机理，却一直处于较为杂乱的状态，分歧较大。但事实上在海洋环境下有氯离子作用时，由氯离子腐蚀诱发的钢筋锈蚀要远快于碳化引起的钢筋锈蚀。许多海港码头的结构，在运行10年左右就发生了严重的钢筋锈蚀现象，由此可见对沿海地区的掺海砂混凝土结构而言，进行损伤机理分析是十分必要的。

8.1.1 氯盐腐蚀混凝土的状况分析及机理研究

1.沿海地区混凝土中氯离子的主要来源

1）混凝土的原材料

如果拌制混凝土拌合物的原材料已为氯离子所污染，则为保证符合相关标准所规定的新拌混凝土氯化物限量，应控制混凝土所有原材料的含盐量。一般硅酸盐水泥本身只含有少量氯化物，但如果粒化高炉矿渣是用海水淬冷的、粉煤灰是用海水湿排的，则可能含有相当多的氯化物。饮用水通常只有极少的氯化物，被认为是无害的。通常，如果含氯化物的减水剂按照建议掺量掺入，也只会提供少量的氯化物。

在一般情况下，沿海地区氯离子引起的钢筋腐蚀问题是氯离子从外界侵入已硬化的混凝土所造成（海砂除外），它有许多来源，如海水环境、道路的除冰盐以及风等。

2）海水环境

海洋是氯离子的主要来源，海水中通常含有 3% 的盐，其中主要是氯离子。以 Cl^- 统计，海水中的含量约为 19000mg/L。海雾中也含有氯离子，海砂中更含有不等量的氯离子。我国的海岸线很长，大规模的基本建设多集中在沿海地区，尤其是海洋工程，如海港、码头、护坡、大堤等，由氯离子引起的钢筋锈蚀破坏是十分突出的。同时，沿海地区已出现河砂匮乏的情况，不经处理就使用、掺入海砂的现象日益严重，这也为氯离子引起钢筋锈蚀破坏创造了条件。国内外的工程经验教训都表明，海水、海雾中的氯离子和不合理的使用海砂，是影响沿海地区混凝土结构耐久性损伤的主要原因之一。

3）道路除冰盐

近年来，我国公路交通发展迅猛，尤其是沿海地区和口岸，公路和高速公路已成为地方经济发展的命脉。为保证交通畅行，冬季向道路、桥梁和城市立交桥等撒氯化钠化雪防冰，这样形成的带冰雪的氯化物溶液，不仅直接作用于混凝土路面（桥面），而且会被行车溅到行车区域的桥柱上，或渗漏到梁的侧面上，或被行车带到存车库的楼板上。在处于大气中的构件上，这些盐溶液蒸发、浓缩、结晶，或被雨水溶解又形成盐溶液，这就使得氯离子能渗透到混凝土之中，引起钢筋锈蚀。

由于氯离子化冰性能好，就地取材，价格便宜，从经济上考虑，国内短期很难取消使用氯离子化冰的方法，不少地区还将继续使用氯化物道路除冰盐，对此人为造成的氯离子环境的腐蚀危险，必须采用防盐腐蚀的技术措施。

4）风

沿海地区，含有氯离子的空气在风的作用下被带到距离海岸较远的地区，直接作用于混凝土结构，或形成雨、雾等，使近海地区混凝土结构受到损伤。

2. 海洋环境下氯盐对混凝土的腐蚀状况分析

海水的化学成分是十分复杂而多变的。世界上各大洋海水中，由于其地理地质条件不同，其化学成分也有很大不同，即使在海洋的不同部位，其化学成分也是很不相同的。一般来说，海水中约含有 3.5% 的可溶性盐类。其组成主要是：$NaCl$ 2.7%、$MgCl_2$ 0.32%、$MgSO_4$ 0.22%、$CaSO_4$ 0.13%，还有约 0.02% 的 $KHCO_3$。也就是说，海水中含有大量的硫酸盐、镁盐和氯盐。这些盐类都可能给混凝土造成腐蚀。根据海工结构与海水接触部位不同，可能造成不同形式的腐蚀[5]：

1）在高潮线以上，与海水不直接接触部位，大海中含有大量氯盐的潮湿空气，可能造成对混凝土的冻融破坏和钢筋锈蚀。

2）在高潮线以上的浪溅区，混凝土遭受海水频繁的干湿循环作用，使混凝土内部形成微电池效应，造成钢筋锈蚀且不断加速其锈蚀，最终导致混凝土表面开裂、剥落、破坏。因而这一部分的混凝土破坏最为严重。

3）在水位变化区，即潮汐涨落区，直接受海浪的冲刷、干湿循环的作用、冻融循环的作用和可能遭受溶蚀等综合作用，使这一部分的混凝土破坏也较为严重，仅次于浪溅区的混凝土破坏。

4）在低潮位线以下，混凝土长期浸泡在海水中，易遭化学分解，造成混凝土腐蚀。但因其混凝土处于饱水状态，海水中的氯离子不易渗入混凝土内部，使得混凝土中钢筋锈蚀较小，因而此区域的混凝土破坏最小，一般只是混凝土表面有较小范围的点蚀现象。

混凝土在海水中的腐蚀主要是 $MgSO_4$、$MgCl_2$ 与水泥水化后析出的 $Ca(OH)_2$ 起作用的结果，其反应式如下：

$$MgSO_4 + Ca(OH)_2 \rightarrow CaSO_4 + Mg(OH)_2 \downarrow$$
$$MgCl_2 + Ca(OH)_2 \rightarrow CaCl_2 + Mg(OH)_2 \downarrow$$

虽然海水中 $MgSO_4$、$MgCl_2$ 的浓度很低，但它们与 $Ca(OH)_2$ 作用析出的生成 $CaSO_4$ 和 $CaCl_2$ 都是易溶的物质，海水中高浓度的 $NaCl$ 还会增加它们的溶解度，阻碍它们的快速结晶；同时 $NaCl$ 也会提高 $Ca(OH)_2$ 和 $Mg(OH)_2$ 的溶解度，将它们浸出，使混凝土的孔隙率提高，结构被削弱。这个现象在流动海水中更为严重。

在 $Ca(OH)_2$ 存在条件下，$MgSO_4$ 也能与单硫铝酸钙作用生成带有膨胀性的钙矾石，在形成的过程中会导致混凝土的膨胀破坏。

对于沿海条件对混凝土的影响，有关科研单位曾组织对 20 世纪 50 年代以来华南地区的七个港口、十八座桩基深板码头的钢筋混凝土结构物进行调查[27]。调查着重在水位线以上部位，其结果表明，由于混凝土中钢筋锈蚀导致码头严重损坏者约占 77.8%。这些码头有的建成仅 8～9 年，有的 20 多年就发现其钢筋严重锈蚀，分析其原因，主要是由于混凝土遭受海水中镁盐和钠盐的腐蚀，形成大量可溶性盐类。有的可能在混凝土的孔隙和毛细孔中反复积聚，形成膨胀性反应，使混凝土出现裂缝；有的可能是这些可溶性的腐蚀产物在海水的反复冲刷、溶解析出，使混凝土的孔隙率增加，增加了氯离子渗入混凝土内部的孔道，导致钢筋锈蚀、膨胀、裂缝的恶性循环。再加以某些工程设计不当，保护层太小，一般仅为 2～3cm；或是施工质量较差，水灰比控制不严，混凝土振捣不密实，甚至蜂窝麻面等现象严重存在。这些都加剧海水对钢筋混凝土的腐蚀，使某些港口工程很快遭到破坏。

3.氯离子侵入混凝土的机理研究

沿海地区除海砂中的氯离子是通过掺加直接进入混凝土内部外，氯离子大都通过混凝土内部的孔隙和微裂缝体系从周围环境向混凝土内部传递。氯离子的传输过程是一个复杂的过程，涉及许多机理，目前已经了解的氯离子侵入混凝土的方式主要有以下几种[5]：

1）毛细管作用，即盐水向混凝土内部干燥的部分移动；

2）渗透作用，即在水压力作用下，盐水向压力较低的方向移动；

3）扩散作用，即由于浓度差的作用，氯离子从浓度高的地方向浓度低的地方移动；

4）电化学迁移，即氯离子向电位较高的方向移动。

通常，氯离子的侵入是几种方式的组合，另外还受到氯离子与混凝土材料之间的化学结合、物理黏结、吸附等作用的影响。而对应特定的条件，其中的一种或几种侵入方式是主要的。

对于暴露于海洋环境下的工程结构，根据暴露的条件及部分的不同，氯化物侵入机理也是不同的。

水下部分或潮差区的饱水部分一直接触海水，主要是饱水混凝土里外氯离子浓度差引起的离子扩散。扩散取决于混凝土孔隙水的含量及其含盐量，在某种程度上也取决于有水头压力作用下氯化物溶液的渗透（只有相当大的水头压力，如100m 以上的水头时，这种渗透作用才显著）。海水中除氯化物以外的其他成分可能与水泥石发生离子置换反应，在表层孔隙中沉积出氢氧化镁和碳酸钙，使混凝土结构表面层的渗透性实际上得以降低。而对于室内混凝土的氯化物渗透试验不具备这样的条件，往往试验结果比实际结构高得多。在海水中，即使氯化物能渗透到钢筋表面，由于缺氧钢筋也难以锈蚀[58,59]。

所有混凝土构件，凡是表层能风干到某种程度，氯离子的侵入都是靠直接接触海水的混凝土毛细管吸收作用。风干程度越高，毛细管吸收作用就越大。混凝土毛细管吸收海水的能力取决于混凝土孔结构和混凝土孔隙中游离水的含量。下列三种情况下特别严重[62-66]：

1）干饱和。在干热环境中，混凝土温度可高达 50℃。完全丧失了全部可蒸发水分的混凝土，一旦接触海水和含盐量高的地下水，就几乎立即被氯化物所饱和，含盐量可以一下子达到混凝土质量的 0.1%～0.3%。

2）风干时间比润湿时间长的混凝土构件，海水干湿交替 10 年内，可使混凝土中含盐量高达 0.3%～0.4%。

3）蒸发/灯草芯作用。在干热环境中，半浸于地下盐碱水中的混凝土由于从混凝土中蒸发掉的只是纯水，盐水遗留于混凝土孔隙中，然后地下盐碱水又被混凝土像灯草芯那样地吸上去，充满毛细孔，致使地表以上的一段混凝土表层孔隙中氯化物浓缩，发生严重的钢筋腐蚀破坏。

干透了的混凝土表层混凝土接触海水时，靠毛细管吸收作用吸收海水，一直吸到饱和的程度。如果外界环境又变得干燥，则混凝土中水流方向会逆转，纯水从毛细孔对大气开放的那些端头向外蒸发，使混凝土表层孔隙液中盐分浓度增高，这样在混凝土表层与内部之间形成氯离子浓度差，驱使混凝土孔隙液中的盐分靠扩散机理向混凝土内部扩散，只要混凝土具有足够的湿度，就可以进行这种扩散，饱水时扩散率最高。可见，除了混凝土孔结构特征外，混凝土湿度也是氯离子向混凝土内部扩散的一个重要因素。

视外界环境相对湿度，风干持续时间的不同，在混凝土表层中大部分孔隙水有可能蒸发掉；而在混凝土内部，剩余水分将为盐分所饱和，多余盐分就结晶析出。由此可见，风干时水分向外迁移，而盐分则向内迁移。在下一次再被海水润湿时，又有更多地盐分以溶液的形式带进混凝土的毛细管孔隙中。此时，在混凝土表层内有一个向外降低的浓度差，而在离表面一定深度处氯化物浓度有一个峰值。这样，可能有一些盐分会向外表面扩散，但是接着的风干又将纯水向外蒸发掉，将盐分遗留于混凝土内，将更多的盐分带进混凝土内。干湿交替下，盐分会逐渐侵入混凝土内部。盐分向内迁移的程度取决于风干与润湿交替期的长短。随着时间的推移，将有足以使钢筋去钝化的氯化物到达钢筋表面。

混凝土表层的干湿交替，不仅影响着氯化物的侵入，而且较深的风干使以后的润湿可以更多、更深的带进氯化物，也就是使氯离子更充分的侵入。因此，在潮差区（风干期较短），混凝土对锈蚀的敏感性就不如浪溅区（风干期较长，只在水位高、风浪大时才可能被海水浸湿）。对锈蚀最敏感的往往是偶尔被海水润湿的混凝土中的钢筋。

冬天为了防止路面结冰而向路面撒除冰盐，这些盐溶液蒸发、浓缩、结晶，或被雨水溶液溶解又形成盐溶液，因此，路面与海洋环境中的海工结构相似，在干湿交替作用下，氯化物被带进混凝土中的主要机理也是混凝土毛细管孔隙的吸收。这种毛细管吸收作用使混凝土表层内孔溶液的盐分浓度增高。视混凝土含水量的不同，氯化物将靠扩散作用侵入较深的混凝土内部。

靠扩散机理渗入混凝土的氯离子，符合 Fick 定理[5]。这样就有可能按氯离子在混凝土表面上的浓度实测结果计算混凝土中氯化物扩散系数，推算混凝土内氯离子的分布情况。

8.1.2 氯盐对混凝土中钢筋的腐蚀作用及机理研究

1.钢筋锈蚀的危害与损失

在人们的观念中，包裹在混凝土中的钢筋是不会发生腐蚀的，质量良好，处在非腐蚀性环境中的混凝土钢筋腐蚀确实也非常缓慢。然而，对于处于像海洋性气候等腐蚀环境中的混凝土结构，钢筋却存在锈蚀且锈蚀较快的问题，当结构施工质量不好时，钢筋的腐蚀问题会非常突出。实践证明，钢筋发生腐蚀后，用新的砂浆进行修复很难缓解钢筋的腐蚀问题，往往几年之后还要修补，直至整个结构破坏。特别是沿海地区，我国海岸线很长，大规模的基本建设大都集中于沿海地区，而我国海港码头工程的耐久性一般都很差，在以往的海港码头等工程中，多数达不到设计寿命要求；再加上沿海一带河砂已呈短缺现象，滥用海砂现象较为严重。因此，我国沿海地区的建筑物，其钢筋锈蚀破坏十分普遍与严重，有调查报告表明，大多数海港工程结构达不到设计寿命的年限，目前正在进入大规模修复的时期。所以，我国钢筋锈蚀破坏的形势是严峻的。

2. 钢筋腐蚀的主要破坏特征

混凝土中的钢筋一旦具备了腐蚀条件，锈蚀便会发生和发展。钢筋锈蚀是一个电化学过程，由铁变成氧化铁，其体积发生膨胀，根据最终产物的不同，可膨胀 2～7 倍。

钢筋锈蚀破坏的主要破坏特征可归纳为：

1）混凝土顺筋开裂

混凝土具有较好的抗压性能，但其抗折、抗裂性差，尤其钢筋表面混凝土缺乏足够的厚度时，钢筋锈蚀产物体积发生膨胀，足以使钢筋表面发生混凝土顺钢筋开裂。大量试验研究和工程实践表明，钢筋表面锈层厚度很薄时（20～40mm），便可导致混凝土顺钢筋开裂。换言之，钢筋锈蚀导致混凝土开裂是容易发生的。设计、施工、使用、管理及维护人员，认识到这一点十分重要。欲使混凝土不发生顺钢筋开裂，提高结构物的耐久性，其着眼点就是要最大限度地阻止钢筋生锈，而不应立足于锈蚀发生后再采取补救措施。

混凝土一旦发生顺钢筋开裂，腐蚀介质更容易到达钢筋表面，钢筋锈蚀的速度将会大大加快。研究和工程实践表明，这时钢筋锈蚀的速度，有可能快于裸露于大气中的钢筋。这是由于裂缝处更易促成电化学腐蚀的发生和发展。由此引出两个重要观念：一是要阻止钢筋生锈；二是钢筋锈蚀一旦发生或初见混凝土顺钢筋开裂时，就立即采取防护措施。这是被提高了的新认识，对于防钢筋锈蚀破坏、提高结构物的耐久性具有重要指导意义，更具有巨大经济价值。

2）黏结力下降与丧失

初见混凝土发生顺钢筋开裂时，结构物物理力学性能、承载能力等，可能还没有发生明显变化（这是人们不重视初始顺钢筋开裂的重要原因之一）。然而，随着裂缝的不断加宽，混凝土与钢筋之间的黏结力也随之下降（下降速度取决于钢筋锈蚀速度），滑移增大，构件变形。当黏结力丧失到一定限度时，局部或整体失效便会发生。这时的钢筋锈蚀程度也并不一定十分严重。那些对黏结力敏感的构件，更具重要性。

3）钢筋断面损失

混凝土中钢筋锈蚀，一般分为局部腐蚀（如坑蚀）和全面腐蚀（均匀腐蚀），常常是以局部腐蚀为主而造成钢筋断面损失，其损失率达到极限时，构件便会发生破坏。应该说明的是，从钢筋锈蚀、混凝土顺钢筋开裂到构件破坏，是一个复杂的演变过程，不仅取决于钢筋锈蚀的发展速度，也取决于构件的承载能力及钢筋的受力状态等。故有时钢筋锈蚀并不十分严重，构件就破坏了，而有时钢筋出现明显的断面损失，构件却还在支撑着。对于钢筋断面损失与构件承载能力之间的关系，尚待进一步研究。

4）钢筋应力腐蚀断裂

处在应力状态下的钢筋（包括预应力），在遭受腐蚀时有可能发生突然断裂。世界上曾发生过此类事故，如钢筋混凝土桥梁突然倒塌，建筑物突然断裂等。柏林议会大厦屋顶突然塌落，即与钢筋应力腐蚀断裂有关。应力腐蚀断裂可在钢筋未见明显锈蚀的情况下发生，断裂时钢筋属于脆断。这是"腐蚀"与"应力"相互促进的结果：应力可使钢筋表面产生微裂纹，腐蚀沿裂纹深入，应力再促裂纹开展，如此周而复始，直到突然断裂。这是一种危险的形式，应引起重视。此外，应力腐蚀断裂与环境介质有关。

3.混凝土中钢筋的锈蚀机理

在混凝土中由于水化反应生产氢氧化钙，使得混凝土中孔隙中含有大量的OH^-，其pH值一般可达12.5以上，在这样的高碱环境下，钢筋表面形成一层致密的保护层——钝化膜，钝化膜能阻止金属阳极与电介质的接触，使阳极的腐蚀电流变得极小，钢筋锈蚀过程就难以进行。如果钝化膜被破坏，钢筋就开始发生锈蚀。钢筋锈蚀主要是电化学反应过程，其反应方程式为：

$$Fe \rightarrow Fe^{2+} + 2e$$
$$Fe^{2+} + 2H_2O \rightarrow Fe(OH)_2$$
$$4Fe(OH)_2 + O_2 + 2H_2O \rightarrow 4Fe(OH)_3$$

由上述化学反应方程式可知，钢筋锈蚀的发生必须符合以下四个条件：

（1）钢筋表面要有电位差，不同电位区段之间形成阳极-阴极；

（2）在阳极和阴极之间，电解质溶液的电阻值很小；

（3）在阳极，钢筋表面要处于活性状态，易进行氧化反应，即$Fe \rightarrow Fe^{2+} + 2e$；

（4）在阴极，钢筋表面要有足够的水和溶解氧。

在一般大气条件下，（1）、（2）、（4）都是具备的，关键是看条件（3）是否具备。混凝土的碳化、氯盐和硫酸盐的侵蚀是引起钢筋钝化膜破坏的几个主要作用。如果钝化膜破坏，条件（3）即具备，钢筋开始锈蚀，在阳极发生阳极反应，铁溶解于孔隙液中，即Fe氧化成Fe^{2+}；在阴极发生氧的还原反应，形成OH^-，即$Fe^{2+} + 2H_2O \rightarrow Fe(OH)_2$，氢氧化亚铁进一步氧化，形成氢氧化铁，随着时间的推移，在钢筋的表面形成锈层，铁锈体积膨胀，使混凝土沿钢筋开裂，进而混凝土保护层剥落。而混凝土的开裂和保护层的剥落，又为腐蚀介质的侵入提供了便利通道，从而导致了钢筋锈蚀的进一步加剧。

4. 氯离子对混凝土中钢筋锈蚀的作用

在沿海地区混凝土中钢筋锈蚀的机理与一般大气环境下钢筋锈蚀的机理有所差异，一般大气环境下钢筋锈蚀主要是由混凝土中性化破坏钢筋表面的钝化膜所致；而沿海地区主要是由于氯离子侵蚀引起的，许多调查表明，即使混凝土碳化深度较浅，在氯离子含量较高的情况下钢筋也容易遭受腐蚀。这是由于氯离子的穿透力非常强，当钢筋周围混凝土孔隙液中氯离子（Cl⁻）达到一定浓度时，氯离子（Cl⁻）容易渗入钝化膜，激活钢筋表面的铁原子。概括起来，氯离子对混凝土内钢筋的锈蚀作用有以下四点：

1) 破坏钝化膜

水泥水化的高碱性（pH≥12.6），使钢筋表面产生一层致密的钝化膜，该钝化膜中包含有 Si-O 键，对钢筋有很强的保护能力。然而，钝化膜只有在高碱性环境中才是稳定的。受氯离子侵蚀时，氯离子进入混凝土中并到达钢筋表面，当它吸附于局部钝化膜处时，使该处 pH 值降低，有研究与实验表明，当混凝土液相中 [Cl⁻] ≥ [OH⁻]（氯离子、氢氧根离子当量浓度比值）时，钢筋失去钝化能力，发生锈蚀。

2) 形成"腐蚀电池"

氯离子对钢筋表面钝化膜的破坏首先发生在局部（点），使这些部位露出铁肌体，与尚完好的钝化膜区域之间形成电位差（混凝土液相中一般含有水或湿气与氯离子构成电解质）。铁肌体作为阳极而受腐蚀，大面积的钝化膜区作为阴极。腐蚀电池作用的结果是钢筋表面产生点蚀（坑蚀），由于大阴极（钝化膜区）对应于小阳极（钝化膜破坏点），坑蚀发展十分迅速。这就是氯离子对钢筋表面产生"坑蚀"为主的原因所在。

3) 氯离子的阳极去极化作用

阳极反应过程是铁失电子生成铁离子，如果生成的铁离子不能及时搬运走而积累于阳极表面，则阳极反应就会因此而受阻；氯离子与铁离子相遇会生成，从而加速阳极过程。通常把加速阳极的过程，称作阳极去极化作用，氯离子正是发挥了阳极去极化作用的功能。应该说明的是，$FeCl_2$ 是可溶的，在向混凝土内扩散时遇到 OH^-，立即生成 $Fe(OH)_2$（沉淀），又进一步氧化成铁的氧化物（通常的铁锈）。由此可见，氯离子只是起到了"搬运"作用，它不被"消耗"。也就是说，凡是进入混凝土中的氯离子，会周而复始地起破坏作用，这正是氯盐极具危害的特点之一。

4) 氯离子的导电作用

腐蚀电池的要素之一是要有离子通路。混凝土液相中氯离子的存在，强化了离子通路，降低了阴、阳极之间的电阻，相对提高了腐蚀电流，加快了腐蚀电池的效率，有利于电化学腐蚀过程。

5.沿海地区影响钢筋锈蚀的主要因素分析

沿海地区混凝土结构中的钢筋锈蚀受很多因素影响，大致可分为内部因素、外部环境因素和施工因素。其中内部因素和施工因素有钢筋位置、钢筋直径、水泥品种、混凝土的密实度、保护层厚度及完好性、混凝土的液相组成（pH 值及氧离子含量）等；外部环境因素有温度、湿度、周围介质的腐蚀性、周期性的冷热交替作用等。

1）混凝土中液相 pH 值影响

以往研究证明，钢筋锈蚀速度与混凝土液相 pH 值有密切的关系，当 pH 值大于 10 时，钢筋锈蚀速度很小；而当 pH 值小于 4 时，钢筋锈蚀速度急剧增加。

2）混凝土中氯离子含量的影响

混凝土中氯离子含量对钢筋锈蚀的影响极大。一般钢筋混凝土结构中的氯盐掺量应少于水泥重量的 1%（主要是由于海砂带入），而且掺氯盐的混凝土结构必须振捣密实，也不宜采用蒸气养护。

3）混凝土的密实度及保护层的厚度

混凝土对钢筋的保护作用包括两个主要方面：一是混凝土的高碱性使钢筋表面形成钝化膜；二是保护层对外界腐蚀介质、氧气及水分等渗入的阻止作用。后一种作用主要取决于混凝土的密实度及保护层厚度。

混凝土保护层的厚度是影响钢筋锈蚀的重要因素，为了保证钢筋不锈蚀，必须使其具有一定厚度的混凝土保护层，但是，如果混凝土保护层厚度过大不仅会降低混凝土构件的极限抗弯能力，且会改变冲切破坏的斜截面角度，降低混凝土构件的极限抗冲切能力。因此，保护层厚度应大小适当。

4）混凝土保护层的完好性

混凝土保护层的完好性是指是否开裂，有无蜂窝孔洞等。它对钢筋锈蚀有明显的影响，特别是对处于潮湿环境或腐蚀介质中的钢筋混凝土结构影响更大。一般在潮湿环境中使用的钢筋混凝土结构，当横向裂缝宽度达 0.2mm 时即可引起钢筋锈蚀，钢筋锈蚀产物体积的膨胀加大保护层的纵向裂缝宽度，如此恶性循环的结果必然导致混凝土保护层的彻底剥落和钢筋混凝土结构的最终破坏。

5）水泥品种和粉煤灰等掺合料

粉煤灰等矿物掺合料会降低混凝土的碱性，使钢筋表面钝化膜的稳定性降低，从而影响钢筋的锈蚀。但如果掺用优质粉煤灰等掺合料，则能在降低混凝土碱性的同时，提高混凝土的密实度，改变混凝土的内部孔结构，从而能阻止外界腐蚀介质及氧气与水分的渗入，这对防止钢筋锈蚀是十分有利的。近年来我国的研究工作还表明，掺入粉煤灰可以增强混凝土抵抗杂散电流对钢筋的腐蚀作用。因此，综合考虑上述效应，可以认为在混凝土结构中掺用符合标准的粉煤灰等掺合料不会影响钢筋混凝土结构的耐久性，有时还会提高其耐久性。

6）外部环境条件

环境条件是引起钢筋锈蚀的外在因素，如温度、湿度及干湿交替作用、海水飞溅、海盐渗透等都对混凝土结构中的钢筋锈蚀有明显影响。特别是当混凝土的自身保护能力（如密实度及保护层厚度）不合要求或保护层有裂缝等缺陷时，外界因素的影响会更突出。许多实际工程经验表明，钢筋混凝土结构在干燥无腐蚀介质条件下的使用寿命要比在潮湿及腐蚀介质中使用的要长 2～5 倍，如在正常条件下可使用 50 年以上的钢筋混凝土结构，在腐蚀介质中仅能使用 10～15 年就会严重破坏。

8.2 沿海地区海砂混凝土结构耐久性设计要求

8.2.1 结构形式和细部构造

按我国现行规范规定设计、施工的混凝土结构要达到设计寿命，不仅涉及混凝土材料本身的护筋性，而且与结构形式及施工质量的控制等都有关。因此，沿海地区的混凝土结构，尤其是海港工程混凝土结构必须进行耐久性设计，耐久性设计应针对结构预定功能、设计使用寿命和所处的环境条件选择合理的结构形式、构造。

（1）构件截面几何形状应简单平顺，减少棱角和突变，避免应力集中。复杂的结构形式使结构暴露表面面积越大，有害物质渗入混凝土中的可能性越大。另外，复杂的结构形式易于产生应力集中，开裂机遇增大。

（2）混凝土表面应有利于排水，不宜在接缝或止水处排水。

（3）混凝土结构应有利于通风，避免过高的局部潮湿和水汽聚积。现场调查表明，通风良好的结构与通风不良的潮湿和水汽易于聚积的结构相比，混凝土受腐蚀情况差异较大。

（4）结构构件应便于施工、易于成型；各部位形状、尺寸、钢筋位置、保护层厚度等不得由于施工工艺原因而难以保证。

（5）结构形式应便于对关键部位进行检测和维修，适当设置检测、维护和采取补充保护措施的通道。

8.2.2 拌合物中氯离子最高限值

混凝土拌合物中氯离子含量系指由水泥、粗细骨料、拌合水、外加剂等各种材料带进混凝土的氯离子总量，对沿海地区的混凝土结构而言，主要是由于掺入未经淡化处理的海砂所致。一般可以采用严格限制砂、石、外加剂、拌合水等原材的氯盐含量来达到防治的目的。混凝土拌合物中氯离子最高限值见表 8-1。

混凝土拌合物种氯离子限值（按水泥质量百分率计）　　　表 8-1

预应力混凝土	钢筋混凝土
0.06	0.10

8.2.3　最小保护层厚度

混凝土保护层与钢筋之间是唇齿相依的关系，混凝土保护层为钢筋免于腐蚀提供了一道坚实的屏障。混凝土保护层厚度越大，则外界腐蚀介质到达钢筋表面的时间越长，结构越耐久。根据课题组多年对混凝土碳化研究，以及国内同行研究结果表明：混凝土保护层中性化速度与保护层厚度的平方成反比；同时氯离子到达钢筋表面的时间也大大延缓。理论上，保护层越厚，结构越耐久。但实际上，过厚的保护层在硬化过程中其收缩应力得不到钢筋的控制，很容易产生裂缝。裂缝的产生会大大削弱混凝土保护层的作用，可采用纤维混凝土避免这一问题。表 8-2 为我国海洋环境下混凝土最小保护层厚度。

我国海水环境下混凝土最小保护层厚度（北方）　　　表 8-2

所在部位	大气区	浪溅区	水位变动区	水下区
预应力混凝土	75	90	75	75
钢筋混凝土	50	50	50	50

考虑到施工偏差，设计保护层厚度应比规范中的最小保护层厚度高 10～15mm。

8.2.4　水灰比最大允许值

研究表明：水泥水化所需的水分仅为水泥重量 25％ 左右，因此，拌制混凝土时采用的水灰比不应超过 30％。但是由于施工条件的限制，要求混凝土有一定的和易性，但水泥用量又不能太多，以避免产生大的水化热引起混凝土的温度裂缝并提高混凝土的造价，往往是采取了较大的水灰比，多在 0.6 左右。当水泥硬化后就会在混凝土内部遗留下约为水泥用量 35％ 的水分，水分蒸发以后就在混凝土内部形成了大量的空隙，从而降低了混凝土的密实度，影响了混凝土抵抗有害介质侵入的能力。因此在满足施工的情况下，应尽量减小水灰比。表 8-3 列出我国海水环境混凝土的水灰比最大允许值（受冻），表 8-4 列出国外的水灰比最大允许值。

我国海水环境下混凝土的水灰比最大允许值 表8-3

所在部位	大气区	浪溅区	水位变动区	水下区
预应力、钢筋混凝土	0.55	0.50	0.50	0.55

国外海工混凝土结构水灰比最大允许值 表8-4

标准代号或名称	混凝土所处的部位		
	大气区	水位变动区（浪溅）	水下区
FIP 混凝土结构设计与施工建议	0.40	0.40	0.45
ACI357	0.40	0.40	0.40
ASI480	0.45	0.45	0.45
DNV	0.45	0.45	0.45
日本土木学会混凝土标准规范	0.45	0.45	0.45

8.2.5 最低水泥用量

中国海水环境混凝土的最低水泥用量见表8-5。

中国海水环境混凝土的最低水泥用量 表8-5

所在部位	大气区	浪溅区	水位变动区	水下区
预应力、钢筋混凝土	300	360	360	300

8.2.6 最大裂缝宽度限值

即使混凝土自身密实性获得保证，但裂缝的生成，仍可使混凝土耐久性恶化。实践表明，无论何种裂缝，都会增大混凝土的渗透性，使有害物质畅通无阻的侵入混凝土内部，进而加剧钢筋锈蚀和混凝土的破坏程度，使裂缝宽度再次扩大，从而使渗透性相应进一步增高，如此反复进行，则形成了渗透-腐蚀-再渗透的恶性循环，对混凝土的破坏程度累积加剧，严重损害混凝土的耐久性。因此在设计混凝土耐久性时，必须从结构设计上、施工管理上抑制各种裂缝（如混凝土的塑性裂缝、收缩变形裂缝、化学反应裂缝、结构受力裂缝等）的产生。

混凝土拉应力限制系数 a_{ct} 及最大裂缝宽度限值 表8-6

构件类别	钢筋种类	大气区	浪溅区	水位变动区	水下区
预应力混凝土	冷拉 HRB335、HRB400 级碳素钢丝、钢绞线、热处理钢筋 LL650 级或 LL800 级冷拉带肋钢筋	$a_{ct}=0.5$ $a_{ct}=0.3$	$a_{ct}=0.3$ 不容许出现拉应力	$a_{ct}=0.5$ $a_{ct}=0.3$	$a_{ct}=1.0$ $a_{ct}=0.5$
钢筋混凝土	HPB300、HRB335、HRB400 级钢筋 LL550 级冷拉带肋钢筋	0.2mm	0.2mm	0.25mm	0.3mm

8.3 沿海地区海砂混凝土质量控制措施

混凝土质量控制主要包括混凝土组成材料（水泥、骨料、水、掺合料、外加剂、钢筋）和混凝土生产过程中计量、搅拌、运输、浇筑前的检查、浇筑及养护的质量控制，最终目标是得到质量均匀的、体积稳定的、耐久的、满足设计强度而且经济的混凝土。要得到这样的优质混凝土，必须使拌合物有良好的工作性能，便于搅拌、运输、浇筑、振捣密实、充满模型，并且始终均匀。为达到上述目标，可从以下四个方面进行质量进行控制。

8.3.1 海砂的处理措施

通过前面的分析我们知道，混凝土内掺入海砂所带来的主要危害在于其较高的氯离子含量。按照相关规定，氯离子的含量低于一定限值的海砂是容许作为细骨料使用的，但是氯离子达标的海砂并不是处处存在，更多的情况下海砂中所含的氯离子大大超出了所给予的限值，因此需要处理好其含盐量和引发钢筋锈蚀的问题。综合国内外有关文献，对海砂的主要处理措施有以下几种[68,69]：

1）自然堆放法。这一方法就是将海砂自然堆放几个月或更长的时间，取样化验其氯化物的含量，合格后再使用。这种方法不需要特别大的场地，但放置时间一般需要 2 个月以上。

2）淡水冲洗法。这种方法又包括斗式滤水法和散水法。其中斗式滤水法可在较窄的场地上作业，每立方米砂需消耗淡水 0.8t 以上，每批砂除盐时间约 12～24h。散水法则需较大场地，而用水量则较少（每立方米砂消耗淡水 0.2t 以上），每批砂除盐时间 12h 以上。

3）机械法。这种方法可在较窄的场地上作业。每立方米砂需消耗淡水 1.5t 以上，耗水量较大，并需要分级机械、离心机械、给水设备、排水设备等，但它所需时间短、效率高。

4）掺加阻锈剂。这种方法采取的主要技术措施是掺加钢筋阻锈剂，以抑制、消除海砂中氯盐对钢筋的腐蚀作用。这一方法在日本的使用已相当普及。

5）混合法。这一方法就是将海砂与河砂按适当的比例掺合在一起，其根本也是降低氯化物的含量。海砂与河砂的比例可根据其混合物取样化验其氯化物的含量，当其氯化物的含量小于国家规定的标准后，方可使用。

以上几种方法各有利弊，应用中可根据实际情况综合考虑安全、环保、适用、经济等因素进行选择。

8.3.2　试配控制

1）原材料的优选

由于混凝土本身具有高碱性以及长期防止环境介质渗透的功能，因此尽可能提高混凝土本身对钢筋的防护功能是预防钢筋腐蚀的许多措施中最经济合理、最有效的基本措施。而优质的原材料（包括水泥、骨料、外加剂和矿物掺合料等）是制备优质混凝土的基础。实践证明，对新建工程，原材料优选是必要的。现根据实验研究和相关文献的查阅，提出原材料要求见表8-7。

原材料性能与要求　　　　　　　　　　　　　　　　　　表8-7

原材料	性能与要求
水泥	低碱水泥（全碱含量在0.6%以下）
骨料	级配合格（空隙率小），有最大粒径要求（<30mm）；物理性能好；海砂须经淡化处理，并达到氯含量的相关要求；无碱活性
矿物掺合料	有细度、品种和掺量要求
外加剂	重要部位优先考虑Ⅰ级粉煤灰或与硅灰复掺 高效减水剂，有抗冻要求时加入引气剂
拌合用水	应用水、淡水
备注	混凝土折合的氯离子最高含量为0.3kg/m³

此外，已有大量的试验和工程应用证明：针对海洋地区环境，利用水泥-硅粉-矿渣或水泥-硅粉-粉煤灰三组分胶结材是提高混凝土抗渗性、防止钢筋锈蚀和提高混凝土其他方面综合耐久性能经济、可靠的技术措施。一般硅粉的价格为2500～3000元/t，如按5%～10%掺量仅使每立方米混凝土的成本增加45～105元，但其综合耐久性较好。

2）混凝土配合比确定与控制

混凝土是在一定的环境条件下工作的。在配合比设计时，应针对工程不同部位在工作性、强度和耐久性方面的要求，综合考虑，才能正确地对混凝土进行配合比设计。

沿海地区工程混凝土及其制品的耐久性问题，主要是由于氯离子的扩散渗透，造成钢筋锈蚀以及由此引起的保护层混凝土开裂、剥落的结果。因此抗氯离子渗透是沿海地区工程混凝土配合比设计要考虑的主要问题。

设计的思路与过程：

（1）按设计强度和使用寿命要求，以及提供的原材料进行配合比设计；

（2）根据本书第3章结论，确定水灰比和单方用水量；

（3）确定粗细骨料用量，砂率在0.38～0.42为宜；

（4）初步得出单方混凝土的各种材料用量，如需加入矿物掺合料，其掺量可根据品种、质量初步确定；

（5）试配调整。

实验室试配应对硬化后的混凝土 Cl⁻ 渗透性检测，可参照 ASTMC1202 方法计算 Cl⁻ 扩散系数，并结合沿海地区的环境条件、保护层厚度预测结构寿命。

Cl⁻ 扩散系数可测定混凝土 6 小时通过总电量（库仑），按下式计算：

$$Y = 2.57765 + 0.00492X \tag{8-1}$$

式中　Y——Cl⁻ 扩散系数（$\times 10^{-9}\,\mathrm{cm^2/s}$）；

　　　X——6 小时通过总电量（库仑）。

针对恶劣的海洋环境，为确保工程在设计使用寿命 50 年内不发生锈蚀，要求混凝土通过的总电量要小于 1000 库仑。

8.3.3　生产控制

混凝土生产控制是指在混凝土生产过程中为了使混凝土具有稳定的质量而进行工序控制，包括原材料的管理、计量控制、流变性控制和强度控制。混凝土作为一种产品，受施工环境各种因素的影响，必然会引起混凝土质量的波动。影响混凝土质量波动因素很多，可能达几十、几百个，其中有的因素可以改变，有的则不能，例如，原材料本身的特征值，设备的误差等。和其他产品一样，混凝土质量的波动符合正态分布规律。正态分布的横坐标 x 为质量数理统计所取样本水平的分组，y 为该组出现的频数，X 为 n 组的平均值。x_1 为目标值，x_2 实测最大值，σ 为标准差（曲线拐点到中线的距离），t 为保证率系数。通常混凝土质量的离散程度用标准差与平均值的比值来评价，该比值称作变异系数。一般来说，标准差越小，变异系数越小，混凝土质量波动的幅度越小。实际应用中可以从砂石的含水量、拌合物坍落度、表观密度方面入手，评价混凝土的工作性；利用强度等因素评价硬化混凝土力学性能；利用氯离子的渗透性评价混凝土的耐久性能。具体来说应从以下几个方面着手：

1）严格原材料质量。施工中要首先从原材料严格把关，如水泥、骨料、拌合用水、外加剂、混合材料等应严格遵照陈肇元等编的《混凝土结构耐久性设计与施工指南》。

2）混凝土保护层施工。它是遭受冻融、冰凌撞击、水流冲刷及化学侵蚀等外界腐蚀首当其冲的部位，施工中必须严格控制其厚度和密实性，使之真正起到最大的保护作用。

3）严格振捣工序，并时刻注意，勿使钢筋、预埋件移位及模板变形。由于混凝土水胶比低，混凝土组分多，因此合理的加料顺序，适当延长搅拌时间对混凝土拌合物的流动性、均匀性异常重要。考虑已习惯于传统加料顺序的施工部门，现场可以采用砂＋石与水泥搅拌30s后加入拌合水，最后加入其他外加剂搅拌120～150s后卸料。事实上这种方法与实际应用还有一定的距离。

4）混凝土养护工序。这是混凝土施工中最后的一道工序，应切实做好前期的湿养护和后期的干养护，切勿功亏一篑。混凝土早期养护非常重要，它的作用是使水泥充分地水化，发挥水泥的最大潜力。混凝土的抗压、抗磨损、抗空蚀、抗海水浸蚀、抗冰凌撞击以及推迟碳化速度等性能都随养护期的延迟而增加。

总之，在混凝土施工中，从配料、拌合、运输、浇筑、振捣、压面和养护等工序必须按照操作规程进行，否则就达不到耐久性的要求。

8.3.4　验收控制

通常，混凝土质量的评定主要以标准养护28d的立方体标准试件的抗压强度为依据，但是这种方法不能满足及时评定和控制混凝土质量的要求。因此，在28d强度评定之外，可用3d或7d强度大体上推定。混凝土强度越高，其早期强度与28d强度的比值越大。检测混凝土强度的同时，还应量测混凝土的单位体积质量，以便了解其密实程度和匀质性。而对于最终的验收评定，考虑到矿物掺合料效应发挥的滞后性，建议以56d龄期或更长时间来评定。此外，在进行抗压强度评定的同时，还应考虑到混凝土渗透性的评价。

总之，为了保证建设工程的质量，加强混凝土结构的质量控制，应根据国务院颁布的《建设工程质量管理条例》明确各方主体的职责，设计单位应制定科学合理的目标及可靠指标，施工企业应该建立和完善质量管理保证体系，坚决执行国家强制性标准，监理公司加强监督、管理、协调工作，质量监督部门应采取巡查、抽检的形式，监督并认证工程质量；在各工序内应实行质量自检，在各工序间应实行交接质量验收。在结构的关键部位应进行系统检查，组织主体结构的中间验收，运用无损检测和可靠性分析理论，评估结构的可靠性。只要这样，才能使建筑安全、耐久和经济。

8.4　沿海地区海砂混凝土结构使用期间的维护

沿海地区掺海砂混凝土结构在投入使用之后，合理的、定期的维护对其保持良好的使用状态，延长使用寿命有至关重要的意义。一般从以下几个方面入手：

1）制定并落实有关检查与观测制度，包括经常的、定期的和特别的检查，以便发现问题，及时采取措施解决问题。

2）可以定期地（每隔5～10年）组织有关专业人员对结构的健康状态进行鉴定。

3）对结构物中的排水处和伸缩缝位置应及时清理，防止过高的湿度积聚。

4）对检查发现的混凝土微裂缝，局部的混凝土表面剥落、机械损伤露筋，应对其产生的原因进行分析。若是一般性原因引起的，可采用水泥砂浆、环氧砂浆或混凝土进行修补；若是因为有害介质引起的耐久性问题，必须根据检测情况采取措施（如阴极保护、涂层保护等）防止腐蚀的进一步的恶化。

8.5　本章小结

本章讨论了沿海地区混凝土结构耐久性损伤的机理，包括氯盐腐蚀混凝土的机理和氯盐对混凝土内钢筋的腐蚀作用机理，并在此基础上研究了掺海砂混凝土结构耐久性设计要求、质量控制措施以及使用期间的维护措施。可归纳如下：

1. 沿海地区结构耐久性破坏的主要原因是钢筋锈蚀，而氯离子的侵入时引起钢筋锈蚀的直接原因，对于掺入海砂的混凝土结构而言，氯离子的侵入主要方式有两种：一种是随海砂直接掺入，另一种是以扩散的方式渗透进入。对于第二种方式一般以 Fick 定律来描述。当钢筋表面的氯离子浓度积累达到某一临界值时，钢筋开始锈蚀。

2. 利用电化学原理分析了钢筋锈蚀的机理，指出混凝土中钢筋锈蚀一般属于吸氧腐蚀；并研究了钢筋锈蚀的条件，指出了沿海地区的混凝土结构钢筋锈蚀的最主要条件是氯离子引起的钢筋表面脱钝。

3. 讨论了钢筋锈蚀的主要特点，并从内部原因、外部原因及施工原因三个方面分析了影响钢筋锈蚀的主要因素。

4. 沿海地区海砂混凝土工程应按我国现行规范规定进行耐久性设计与施工，对关键性的技术指标如混凝土中氯离子含量、最小保护层厚度应严格遵守。

5. 提高混凝土本身对钢筋的防护功能是预防钢筋腐蚀的许多措施中最经济合理、最有效的基本措施。选用优质原材料，根据设计强度和使用寿命要求进行配合比设计是配制高性能混凝土的前提。

6. 抗氯离子渗透是沿海地区工程混凝土配合比设计要考虑的主要问题，低的 Cl^- 扩散系数是保证结构使用寿命的基础。

7. 通过混凝土的试配、生产和验收三方面质量控制；各方主体各负其责，加强监督、管理、协调，从而确保沿海地区结构的安全、耐久和经济。

8. 合理的、定期的维护对沿海地区混凝土结构保持良好的使用状态，延长其使用寿命具有至关重要的意义。

第9章

沿海地区海砂钢筋混凝土结构 表面防腐关键技术研究

9.1 有机复合涂层保护下混凝土抗氯离子渗透性研究

氯离子通过表面逐渐渗入混凝土，使混凝土内部的钢筋发生锈蚀破坏。这是海工混凝土腐蚀的最主要的原因。因此，研究在复合涂层保护下混凝土的抗氯离子渗透能否得到提高，通过测定不同涂层保护下混凝土的氯离子渗透系数来评价复合涂层阻隔氯离子的能力。

9.1.1 高性能混凝土的氯离子渗透系数的测量

实验采用直流电量法（ASTMC1202）测定混凝土的氯离子系数[129]。该方法通过测定流过混凝土的电量，可以快速测定混凝土的渗透系数。其方法如图9-1所示。

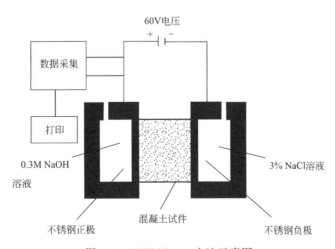

图 9-1 ASTMC1202 方法示意图

根据 ASTMC1202 方法测试的要求，在测试前先将混凝土试样真空饱水处理

24h，然后标准养护 28d。养护完毕后按照《水运工程混凝土试验检测技术规范》JTS/T 236—2019 中《混凝土抗氯离子渗透快速实验》的方法进行，测定混凝土的氯离子渗透系数。

测量时取 3 个测量值的算术平均值作为试验数据，当三个测量值中最大值和最小值相差超过 30% 时，这组数据作废，使用备用试块重新测量。

实验通过测定 20 个氯离子渗透系数，求出其算数平均值为：$5.381 \times 10^{-12} m^2/s$，并作为对比试样的数据。

9.1.2 有机复合涂层的氯离子渗透性分析

表 9-1、表 9-2、表 9-3、表 9-4 分别是不同涂层厚度下 4 种有机复合防护体系的氯离子渗透系数。

涂层体系 1 在不同涂层厚度下的氯离子渗透系数   表 9-1

涂层厚度(μm)	氯离子渗透系数($10^{-12} m^2/s$)								均值
309.2	3.493	3.487	3.498	3.466	3.496	3.501	3.491	3.481	3.489
342.6	3.472	3.41	3.458	3.447	3.471	3.446	3.476	3.432	3.451
358.8	3.370	3.375	3.405	3.382	3.429	3.377	3.429	3.359	3.390
385.8	3.289	3.309	3.292	3.251	3.273	3.251	3.26	3.276	3.275

涂层体系 2 在不同涂层厚度下的氯离子渗透系数   表 9-2

涂层厚度(μm)	氯离子渗透系数($10^{-12} m^2/s$)								均值
312.6	3.021	2.998	3.013	2.998	3.022	3.027	2.990	3.037	3.013
344.8	2.947	2.928	2.935	2.925	2.952	2.937	2.970	2.914	2.938
359.8	2.838	2.833	2.858	2.839	2.854	2.888	2.854	2.842	2.850
388.8	2.799	2.816	2.775	2.808	2.803	2.763	2.769	2.808	2.792

涂层体系 3 在不同涂层厚度下的氯离子渗透系数   表 9-3

涂层厚度(μm)	氯离子渗透系数($10^{-12} m^2/s$)								均值
307.8	3.204	3.217	3.229	3.216	3.216	3.191	3.2	3.239	3.214
342.2	3.125	3.144	3.139	3.138	3.116	3.128	3.132	3.127	3.131
361.8	3.062	3.107	3.103	3.095	3.072	3.125	3.086	3.101	3.093
389.2	3.073	3.031	3.054	3.05	3.06	3.057	3.043	3.049	3.052

涂层体系 4 在不同涂层厚度下的氯离子渗透系数   表 9-4

涂层厚度(μm)	氯离子渗透系数($10^{-12} m^2/s$)								均值
307.4	2.777	2.799	2.789	2.821	2.76	2.787	2.778	2.814	2.790

续表

涂层厚度(μm)	氯离子渗透系数($10^{-12}m^2/s$)								均值
339.4	2.745	2.712	2.745	2.771	2.729	2.749	2.701	2.718	2.733
359.4	2.721	2.710	2.694	2.679	2.682	2.724	2.692	2.664	2.695
383.8	2.579	2.552	2.576	2.610	2.600	2.578	2.575	2.552	2.577

1.涂层渗透性与涂层厚度之间关系的分析

A、B、C、D四组数据分别取自四种不同涂层厚度的混凝土试样，对应于混凝土侧面涂层的不同区域。一般情况下，处于侧面的涂层往往会由于重力的原因，使下部分的厚度大于上部分的厚度，严重时甚至会产生流挂现象，这些问题大多由于施工方法不当造成，与涂层本身的性能无关。尽管如此，实际工程中或多或少仍会存在这种问题，而且这种涂层厚度的不同可能会影响混凝土的防护性能，导致混凝土表面出现涂层厚度过薄的区域，当这些区域处于海洋潮差区或浪溅区时，使混凝土结构出现薄弱区域，这会对大大降低混凝土的抗氯离子渗透性，使混凝土结构未达到设计使用年限就被腐蚀破坏。图9-2为四种涂层体系的涂层厚度与其氯离子渗透性的关系图。

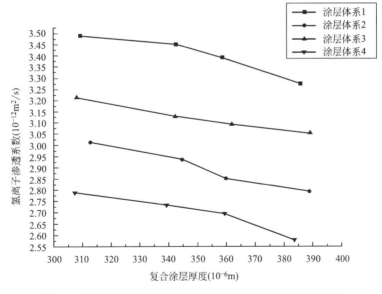

图 9-2 四种涂层体系的涂层厚度与其氯离子渗透性的关系

从图9-2可以看出，随着涂层厚度的增加，混凝土的氯离子渗透系数逐渐减小，混凝土的抗氯离子渗透性逐渐增强。四种涂层的厚度分别增加了24.6％、24.4％、26.7％和25.1％，其对应的氯离子渗透系数分别下降了6.2％、7.3％、5.1％和7.5％，说明增加防护涂层的厚度可以一定程度上降低混凝土的氯离子渗透性。同时，图 9-2 还显示出，不同涂层体系抗氯离子渗透性的差别非常明显，当涂层厚度在 310μm 左右时，涂层体系 2、涂层体系 3 和涂层体系 4 的氯离子渗透系数分别比涂层体系 1 下降了 13.7%、8.1% 和 20.6%，说明采用不同的复合涂层体系产生的氯离子渗透性差异大于同一复合涂层体系因厚度变化（厚度变化小于 30%）而产生的氯离子渗透性差异。这点对于实际工程中涂层体系的选择和涂层厚度的设计有着重要的意义。

2. 四种复合涂层氯离子渗透性的比较

由于潮差区混凝土处在干湿交替的环境当中，涂装施工只能在退潮时进行，可施工的时间一般小于 12 个小时。对于氟碳面漆和聚氨酯面漆，这两种面漆在调配时均加入了固化剂，使得其固化时间大大缩短，在 4h 以内可以达到稳定的涂层性能，能够满足对涂层固化时间的要求。

对于环氧底漆和中间漆，其涂装要求混凝土表面干燥，在涂装前需要花一定的时间对混凝土表面进行烘干。在这么短的时间里，涂层是无法完全固化的，其性能也因此无法达到设计值。而湿固化涂料不需要在涂装前对混凝土表面进行烘干，并且能够继续在水下固化，可以较好地适应潮差区的环境，因此湿固化涂料涂层的性能要好于普通环氧树脂涂层。

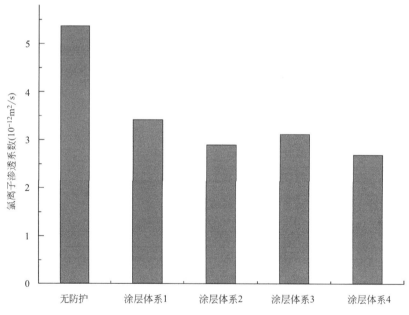

图 9-3　不同涂层体系间氯离子渗透系数的对比

图 9-3 中，可以很直观地看出四种涂层体系对混凝土氯离子渗透性的影响：四种涂层体系的氯离子渗透系数分别比对比试样下降了 37.4%、46.1%、42.0% 和 49.8%，说明 4 种防护涂层体系的抗氯离子渗透能力大小依次为：涂层

体系 4＞涂层体系 2＞涂层体系 3＞涂层体系 1，即由湿固化环氧树脂封闭底漆、湿固化环氧树脂中间漆和氟碳面漆组成的涂层体系有最好的防护效果，可以使混凝土的氯离子渗透系数从 $5.38 \times 10^{-12} \mathrm{m}^2/\mathrm{s}$ 下降到 $2.89 \times 10^{-12} \mathrm{m}^2/\mathrm{s}$。

9.1.3 硅烷浸渍处理后混凝土的抗氯离子渗透性分析

1. 硅烷浸渍深度测量方法

本实验中测量硅烷浸渍深度用染料指示法。

在硅烷浸渍涂装完毕后 7d，从试样上钻取直径为 50mm、深度为 40 ± 5 mm 的芯样。将芯样放在 40℃的温度下烘 24h，烘好后沿芯样直径方向将其劈开，在劈开表面上喷涂水基短效染料，不吸收染料的区域即代表硅烷浸渍区域，硅烷浸渍区域的宽度即为浸渍深度。试验中将 5 个随机点数据的平均值作为一个试验数据。

2. 硅烷浸渍的氯离子渗透系数分析

通过 ASTMC1202 方法可得，在不同硅烷浸渍厚度的条件下对混凝土的氯离子渗透系数如表 9-5 所示。

在不同硅烷浸渍厚度的条件下混凝土的氯离子渗透系数　　　　表 9-5

浸渍深度（mm）	氯离子渗透系数（$10^{-12}\mathrm{m}^2/\mathrm{s}$）								均值
7.21	1.205	1.202	1.213	1.123	1.191	1.138	1.187	1.159	1.177
7.76	1.086	1.039	1.048	1.04	1.014	1.09	1.061	1.063	1.055
8.17	0.912	0.912	0.919	0.904	0.927	0.918	0.932	0.938	0.87
8.72	0.812	0.809	0.849	0.853	0.86	0.801	0.852	0.868	0.838

从表 9-5 可以很直观的得出结论：硅烷浸渍深度越深，混凝土的氯离子渗透性越小，且随着浸渍深度的增加，氯离子渗透系数的减小越来越平缓。由图 9-4 中的曲线可以看出，当硅烷浸渍深度从 8.17mm 增加到 8.72mm 时，混凝土的氯离子渗透系数仅减小了 $0.032 \times 10^{-12} \mathrm{m}^2/\mathrm{s}$，这说明随着硅烷浸渍深度的增加，混凝土的抗氯离子渗透性也随之增强，但增幅越来越小。这对实际工程应用中硅烷浸渍深度的设计有一定的指导意义。

同时，将表 9-5 中的数据与无防护混凝土的氯离子渗透系数比较可知，硅烷浸渍处理后的混凝土，其氯离子渗透系数大幅度减小，仅为未防护混凝土的四分之一。同时，尽管硅烷浸渍的效果已经达到甚至远远超过国标要求，但通过减少硅烷浸渍用量的方式来削减实际工程中的成本是不可取的。

当硅烷浸渍的深度较浅时，硅烷层仅覆盖了混凝土的外表面和混凝土空隙的浅层内壁，空隙的深层内壁并没有受到硅烷的保护，含有氯离子的溶液可以绕开表层的硅烷，直接接触空隙内部的深层区域，氯离子可以很轻易地浸入混凝土，

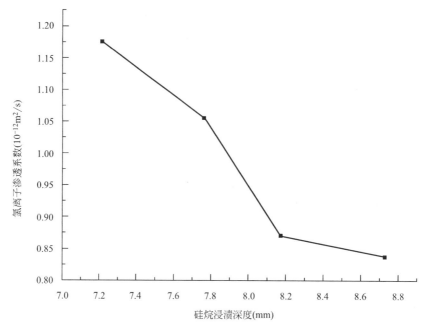

图 9-4　硅烷浸渍深度与氯离子渗透性的关系

这会使得硅烷浸渍的效果大打折扣。同时在实际的海洋环境下，紫外线等因素会加速硅烷的老化，致使混凝土表面和空隙内壁上的硅烷层分解，硅烷防护失效，失去保护混凝土的能力。因此，在实际环境尤其是海洋环境中，务必要保证硅烷浸渍的深度，以防止硅烷层的老化失效，让混凝土结构提前遭到破坏。

由于硅烷是渗入混凝土内部，不会将混凝土表面的空隙封闭，硅烷仅仅是分布在混凝土内壁上，与空气和基体中的水分产生化学反应，聚合形成类似硅胶体的高分子基团，并缩合生成斥水层。这些斥水层可以有效地阻绝水分的浸入，同时保持混凝土的透气性，使含有氯离子的溶液无法接触混凝土内壁。

9.1.4　硅烷浸渍-有机复合涂层的抗氯离子渗透性分析

表 9-6、表 9-7、表 9-8、表 9-9 分别为四种涂层体系在不同涂层厚度时的氯离子渗透系数。

硅烷浸渍-复合涂层体系 1 防护下混凝土的氯离子渗透系数　　　　表 9-6

涂层厚度(μm)	氯离子渗透系数($10^{-12}\mathrm{m^2/s}$)								均值
311.4	0.720	0.744	0.762	0.768	0.710	0.749	0.728	0.708	0.736
342	0.665	0.715	0.701	0.672	0.651	0.695	0.694	0.686	0.684
356.4	0.610	0.675	0.623	0.659	0.647	0.662	0.640	0.613	0.641
389.8	0.591	0.597	0.597	0.614	0.604	0.585	0.571	0.564	0.590

硅烷浸渍-复合涂层体系 2 防护下混凝土的氯离子渗透系数　　　表 9-7

涂层厚度(μm)	氯离子渗透系数(10^{-12}m^2/s)								均值
313.6	0.562	0.536	0.517	0.552	0.552	0.576	0.554	0.549	0.549
335	0.475	0.497	0.501	0.465	0.505	0.507	0.500	0.508	0.494
360.4	0.424	0.463	0.413	0.447	0.406	0.415	0.463	0.434	0.433
387.2	0.381	0.383	0.362	0.387	0.352	0.397	0.373	0.425	0.382

硅烷浸渍-复合涂层体系 3 防护下混凝土的氯离子渗透系数　　　表 9-8

涂层厚度(μm)	氯离子渗透系数(10^{-12}m^2/s)								均值
312	0.649	0.607	0.642	0.636	0.642	0.669	0.650	0.616	0.638
340.2	0.609	0.617	0.603	0.582	0.591	0.563	0.624	0.584	0.596
361.8	0.527	0.541	0.551	0.502	0.548	0.507	0.532	0.515	0.527
391.8	0.468	0.483	0.521	0.465	0.478	0.496	0.509	0.483	0.487

硅烷浸渍-复合涂层体系 4 防护下混凝土的氯离子渗透系数　　　表 9-9

涂层厚度(μm)	氯离子渗透系数(10^{-12}m^2/s)								均值
304.4	0.467	0.474	0.438	0.459	0.432	0.474	0.407	0.435	0.448
335.8	0.358	0.419	0.406	0.352	0.357	0.422	0.361	0.355	0.378
355.6	0.368	0.361	0.371	0.311	0.302	0.360	0.344	0.333	0.343
385.6	0.263	0.296	0.321	0.258	0.278	0.275	0.261	0.283	0.279

通过对表 9-6、表 9-7、表 9-8、表 9-9 的分析，我们可以得出如下结论：

1）四种防护体系涂装在硅烷浸渍处理过后的混凝土上时，表现出与直接涂装在未进行处理的混凝土上相似的规律（图 9-3）。将混凝土的氯离子渗透系数从大到小排列可得：涂层体系 1＞涂层体系 3＞涂层体系 2＞涂层体系 4，湿固化环氧树脂底漆与中间漆和氟碳面漆的组合有最好的防护效果。其中涂层体系 2 和涂层体系 4 均采用的湿固化底漆和中间漆，这表明湿固化底漆和中间漆的组合有较好的防护性能。

2）如图 9-5 所示，在硅烷浸渍处理的作用下，这四种防护体系性能的强弱关系没有发生变化。这说明，硅烷浸渍可以很好地与有机复合涂层结合，能够让有机涂层发挥本身应有的防护能力。

3）四种防护体系的氯离子渗透性较对比试样分别下降了 87.7%、91.4%、89.5% 和 93.3%，下降的幅度非常明显，如图 9-6 所示。

从前面的研究可知，单独有机涂层保护的混凝土较无保护的混凝土其氯离子渗透性下降约 40%，加入硅烷浸渍处理后又在此基础上下降了 80% 左右，这说明硅烷浸渍对已经被有机涂层保护的混凝土仍然有较好的防护效果。

有机涂层在保护混凝土时，起到的主要作用是减缓外界溶液向混凝土的渗

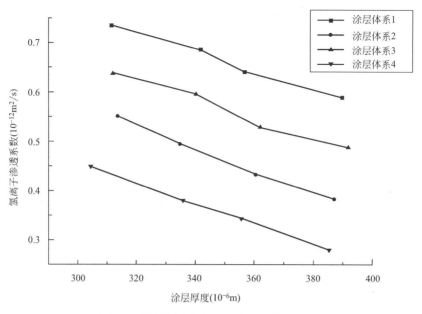

图 9-5　涂层厚度与氯离子渗透系数的关系

入，将溶液向混凝土内对流变为透过涂层向混凝土内渗透，内部的溶液由于无法向外界对流，只能通过外部溶液对有机涂层的渗透来补充氯离子，这便降低了氯离子向混凝土内部渗透的速率，宏观上起到了防护的作用。

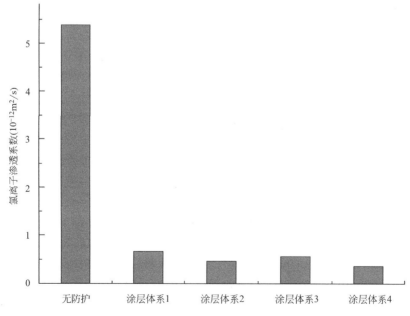

图 9-6　四种防护体系与硅烷浸渍联合作用下的氯离子渗透性

而硅烷浸渍则是改变混凝土表面的特性，通过在混凝土表面和空隙内壁上形成憎水层，使混凝土表面从亲水变为憎水，含有氯离子的溶液无法润湿混凝土，不能通过溶液流动浸入混凝土，而只能通过在混凝土内部依靠浓度梯度扩散，这种扩散的速率非常低。因此，硅烷层具有非常良好的抗氯离子渗透能力，且这种阻挡氯离子浸入的方式与有机涂层不同。所以，硅烷浸渍可以在已有有机涂层保护的基础上，进一步大幅降低混凝土的氯离子渗透性。

9.2　有机复合涂层的耐久性试验研究

本节通过研究有机复合涂层自身的性能，从与基体的结合力、涂层的抗老化性能以及涂层的耐碱性等方面来分析涂层的耐久性。

9.2.1　涂层结合力的分析

1.结合力试验方法

涂层的结合力采用拉力试验法测定。其试验原理如图9-7所示。

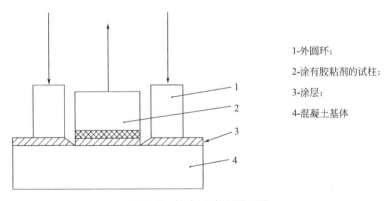

1-外圆环；

2-涂有胶粘剂的试柱；

3-涂层；

4-混凝土基体

图 9-7　拉力试验法原理图

准备试样时，清理涂层表面和试柱表面的污垢，把胶粘剂均匀地涂抹在涂层表面和试柱表面，并将试柱粘接到涂层上。待胶粘剂固化后，使用切割装置沿着试柱周线切割涂层，直至切到混凝土基体。切割完毕后，立即将试柱和混凝土试块分别与拉力试验机的两端相连，将试柱放于中心位置，使拉力能够均匀的作用于涂层。

试验时，在与漆面垂直的方向上施加拉伸应力，以 0.2MPa/s 的速度增加，直至涂层脱落。此时的拉应力数据，就是涂层的结合力。对于同一种类的混凝土涂层，测量 3 次取平均值作为其测量数据。

2.涂层结合力分析

通过对涂层结合力的检测，可以得到硅烷浸渍处理时不同复合防护涂层与混凝土基体的结合力，如表 9-10 所示。

硅烷浸渍处理时不同复合防护涂层的结合力　　　　表 9-10

体系	涂层的结合力（MPa）										均值
体系 1	2.214	2.282	2.164	2.192	2.213	2.135	2.29	2.253	2.154	2.23	2.212
体系 2	2.355	2.401	2.452	2.415	2.418	2.361	2.43	2.385	2.416	2.35	2.398
体系 3	2.38	2.258	2.345	2.226	2.217	2.32	2.315	2.227	2.213	2.296	2.279
体系 4	2.547	2.55	2.454	2.544	2.446	2.516	2.468	2.586	2.59	2.473	2.517

无硅烷浸渍处理时不同复合防护涂层的结合力　　　　表 9-11

体系	涂层的结合力（MPa）										均值
体系 1	2.327	2.244	2.291	2.29	2.398	2.206	2.236	2.291	2.317	2.286	2.288
体系 2	2.626	2.639	2.57	2.604	2.635	2.527	2.516	2.571	2.577	2.575	2.584
体系 3	2.345	2.307	2.396	2.389	2.443	2.394	2.447	2.387	2.354	2.462	2.392
体系 4	2.88	2.872	2.879	2.764	2.717	2.859	2.76	2.826	2.798	2.831	2.818

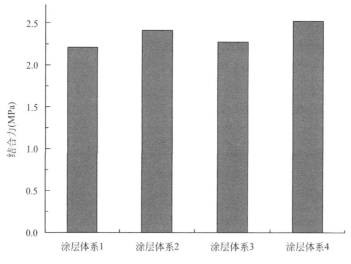

图 9-8　不同涂层体系之间结合力的对比

从图 9-8 我们可以得出，四种涂层体系与混凝土基体的结合力从大到小依次为：涂层体系 4＞涂层体系 2＞涂层体系 3＞涂层体系 1，湿固化环氧树脂底漆与中间漆和氟碳面漆组合的结合力最强。其中涂层体系 3 和涂层体系 4 均采用的湿固化底漆和中间漆，这说明，湿固化底漆和湿固化中间漆的组合与混凝土基体的结合力更强。环氧树脂漆由于需要的固化时间较长，且不具备湿固化的能力，在漆面还没有完全固化的情况下就与水接触，这会妨碍漆面的固化，使漆面达不到理论设计的性能。而湿固化漆面在潮湿环境下也可固化，其涂层性能受水的影响较小，其结合力更接近理论设计值。

在实际工程中，潮差区的涂装时间有限，一般小于 12h。在这段时间中，需对混凝土进行烘干、打磨等前处理工作，用于允许涂料在空气中固化的时间更少。若使用湿固化环氧树脂漆的涂装，则可以把烘干这一步骤简化掉，让涂料在空气中有更长的固化时间，形成的涂层可以达到较为理想的效果。

对比表 9-10 和表 9-11 发现，四种涂层体系与经过硅烷浸渍处理混凝土的结合力均比与混凝土基体直接结合的略大。分析其原因有两种可能：

1）由于涂层的结合力一般与涂层本身的性能和基体表面的状态有关，可知硅烷浸渍处理在一定程度上改善了混凝土表面的特性。理论上，混凝土基体表面存在很多微小的空隙和微裂纹，在硅烷浸渍处理后，这些空隙和微裂纹的内壁上会生成斥水层，这层斥水层可以填补混凝土表面的部分空隙和裂纹，而一些稍大的空隙和裂纹，也会因为斥水层的存在而使其尺寸减小，从宏观上看，硅烷浸渍改善了混凝土的表面状态，使其更加平滑。当继续涂装复合涂层时，由于基体表面得到了改善，涂层的结合力应当略有加强。通过对比复合涂层和硅烷复合涂层的结合力数据，可以发现硅烷复合涂层的结合力比复合涂层的结合力略大。

2）受限于样本数量，如果上述结论是由于数据的离散性和拉力试验机的检测误差造成的，则不能通过上面的数据确定硅烷复合涂层的结合力是否比复合涂层强，但可以肯定的是，硅烷复合涂层的结合力不会小于复合涂层的结合力，即复合涂层的结合力不会因为混凝土基体经过硅烷浸渍处理而减小。

9.2.2　硅烷浸渍-有机复合涂层的抗老化性测试

1. 涂层盐雾试验方法

复合涂层的盐雾试验按照《色漆和清漆耐中性盐雾性能的测定》GB/T 1771—2007 进行。盐雾腐蚀试验仪如图 9-9 所示。

在进行盐雾试验时，不应将试件放置在雾粒从喷嘴出来的直线轨迹上，使用挡板防止喷雾直接冲击试件。试件被试验表面朝上，与垂线的夹角是 $20°±5°$，并且不能互相接触也不能与箱体接触。在 $32±2℃$ 下循环喷盐水，浓度为 $50g/L$，喷雾时间为 15min，两次喷涂之间间隔 45min，如此往复循环。

关闭喷雾室顶盖，开启试验溶液储罐阀，使溶液流到储蓄槽，进行试验。在整个试验周期内，连续进行喷雾。试验完毕后，试样过 15min 取出，在试验室温度下晾置 1~2h，用自来水冲洗干净再观察表面情况，再对试样进行拉伸试验。

图 9-9　盐雾试验箱实物图

2. 涂层拉伸强度试验

1）拉伸试样的制作

实验选取 100mm×200mm×3mm 的聚四氟乙烯板，在板上先涂一层隔离剂，然后按照复合涂层涂装的方法进行涂装，涂装完毕后，将试样放在 25±2℃ 的温度下养护 21d，进行盐雾老化实验或耐盐性等实验。

2）拉伸强度的测试方法

将试样按要求切割成如图 4-4 所示的形状。然后测量试样的厚度，将试样装在拉伸试验机的夹具之间，夹具间标距为 70mm，以 250mm/min 的拉伸速度将试件拉伸至断裂，记录断裂时的最大拉力，并量取此时试件标线间距离。

3）试验结果计算

试件拉伸强度按式（9-1）计算：

$$TS = \frac{P}{B \times d} \tag{9-1}$$

式中　TS——试件的拉伸强度（MPa）；

　　　P——最大拉力（N）；

　　　B——试件工作部分宽度（mm）；

　　　d——试件实测厚度（mm）。

图 9-10 中：A-总长，最小值 115mm；B-标距段的宽度，6.0mm；C-标距段的长度，33±2mm；D-夹持线；E-小半径，14±1mm；F-大半径，25±2mm；

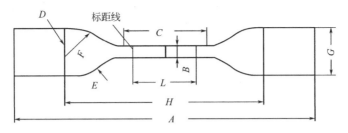

图 9-10　拉伸试样形状示意图

G-端部宽度，25 ± 1mm；H-夹具间的初始距离，80 ± 5mm；L-标距线的间距，25 ± 1mm。

3. 涂层的抗老化性分析

根据《色漆和清漆耐中性盐雾性能的测定》GB/T 1771—2007 中的规定，设计寿命 10 年以上的混凝土涂层结构，其耐盐雾试验必须要超过 500h，涂层表面不能出现鼓泡、脱落、裂纹等老化破坏现象。涂层的拉伸强度试验结果如表 9-12 所示。

涂层的拉伸强度试验结果　　　　　　　　　　　　　　表 9-12

体系	涂层的拉伸强度（MPa）								
	0d	5d	10d	15d	20d	25d	30d	35d	40d
体系 1	22.183	15.595	10.644	8.105	7.229	6.620	6.068	5.859	5.747
体系 2	22.364	15.837	10.973	8.564	7.584	6.974	6.591	6.354	6.261
体系 3	22.280	15.681	10.790	8.382	7.439	6.804	6.493	6.141	6.039
体系 4	22.414	15.952	11.060	8.715	7.831	7.084	6.958	6.537	6.439

在试验中，每隔 5 天将试样取出，观察其表面是否有鼓泡、脱落、裂纹等现象，并检测其涂层的拉伸强度。通过观察发现，在 40d 的试验时间内，复合涂层没有出现鼓泡、脱落、裂纹等现象，仍然保持较好的表面状态，说明复合涂层有一定的抗盐雾老化能力。

从图 9-11 中我们可以得到，随着盐雾试验时间内增加，涂层的拉伸强度逐渐减小，在试验的前 15d 内，拉伸强度下降到 8.10MPa，比原始试样降低了 62.1％，而在 15d 以后，下降趋于平缓，盐雾试验 40d 时，涂层的拉伸强度最低为 5.73MPa，比原始试样降低了 74.5％，比盐雾试验 15d 时降低了 29.3％。这表明通过盐雾老化试验，涂层的拉伸强度明显下降，其防护性能受到了一定的影响，但四种防护涂层中最小的拉伸强度依然大于涂层与混凝土的结合强度，所以，尽管复合涂层的性能会因为老化而降低，但仍就对混凝土有一定的防护效果。

同时，针对不同复合涂层，研究其在 40d 时的涂层拉伸强度，结果表明，涂层体系 4 的拉伸强度为 6.48MPa，比涂层体系 1 高 18.6%，说明湿固化环氧树脂底漆、湿固化环氧树脂中间漆和氟碳面漆组成的复合涂层有最好的耐盐雾老化性能。

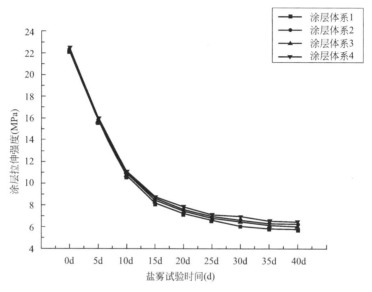

图 9-11　盐雾试验时间与涂层拉伸强度的关系

9.2.3　硅烷浸渍-有机复合涂层的耐盐性测试

1.涂层耐碱性试验方法

涂层试件的制作，每个混凝土块的任一个非成型面，用饮用水和钢丝刷刷洗。处理完毕后，置于室内，用纸覆盖，自然干燥 7d，再进行涂装。涂装时，将 4 种涂层体系所对应的涂料，按照设计的涂装方法进行涂装。通过控制涂料的用量，控制涂层的干膜总厚度为 $280\sim300\mu m$，涂装过程用湿膜厚度规则检测各层的湿膜厚度。试件制成后，置于室内自然养护 7d。

涂料层面朝上，半浸于水或饱和氢氧化钙溶液中 30d。试验过程中，每隔几天检查涂层外观是否起泡、开裂或剥离等，并对涂层做拉伸强度试验，记录试验数据，如图 9-12 所示。

2.涂层的耐盐性分析

由于海水中含有大量氯化钠和硫酸盐以及一定量的可溶性碳酸盐，使海水呈现弱碱性。因此，复合涂层耐碱性的强弱是评价复合涂层保护海工混凝土能力的重要指标。

试验中，每隔一段时间将试样取出，观察其表面状态，是否有起泡、脱落等现象产生，同时测量其涂层的拉伸强度。观察发现，在 60d 内，各试样的表面状

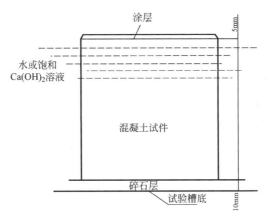

图 9-12 耐盐性实验示意图

态非常良好，没有出现起泡、脱落等问题，复合国标以及大多数工程的涂层质量要求。拉伸强度试验结果如表 9-13 所示。

不同涂层体系在不同时间的拉伸强度　　　　　　　　表 9-13

体系	不同时间时不同涂层体系的拉伸强度							
	0d	5d	10d	15d	20d	30d	40d	60d
体系 1	22.128	18.247	15.182	13.340	11.291	10.392	9.68888	9.213
体系 2	22.439	18.488	15.514	13.867	11.773	10.874	10.32563	9.812
体系 3	22.384	18.330	15.428	13.587	11.516	10.711	10.00588	9.574
体系 4	22.534	18.655	15.739	14.072	12.085	11.214	10.60063	10.174

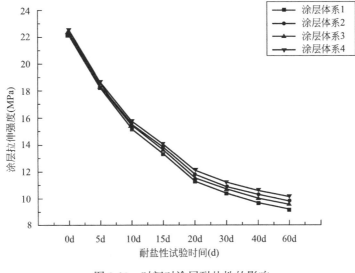

图 9-13 时间对涂层耐盐性的影响

从图 9-13 中可以看出，随着耐盐性试验的进行，涂层的拉伸强度逐渐降低，前 10d 涂层拉伸强度的降低幅度非常明显，随着试验的进行，其降低的幅度越来越小。以涂层体系 1 为例，其拉伸强度在第 10d 时为 15.182MPa，比开始时降低了 31.4%，而在第 60d 时为 9.213MPa，比开始时降低了 58.4%，其他 3 种涂层体系也有类似的规律。

在第 60d 时，四种涂层体系中拉伸强度最小为 9.213MPa，这个数值远大于涂层与混凝土的结合强度，这说明，复合涂层的耐盐性会随时间的推移越来越弱，但依旧可以在海洋环境中较好地保持自身的性能，给混凝土提供可靠而有效的保护。

9.3   本章小结

本章通过研究不同的涂层组合和不同的涂层厚度防护下的混凝土抗氯离子渗透性，来评价 4 种涂层的优劣，得到的结论如下：

1.湿固化环氧树脂封闭底漆、湿固化环氧树脂中间漆和氟碳面漆组成的复合涂层防护体系，能最大限度地提高混凝土的抗氯离子渗透能力。这种复合涂层有较为明朗的应用前景。

2.分析各个涂层体系的曲线可以发现，随着涂层厚度的增加，混凝土的抗氯离子渗透性也随之提高，但提高的幅度很小，当涂层厚度的变化小于 30% 时，混凝土的氯离子渗透系数变化没有更换涂层变化的更大。

3.硅烷浸渍处理可以大幅度地降低混凝土的氯离子渗透系数，提高混凝土的耐氯离子腐蚀能力。配合有机复合涂层可以非常好地保护混凝土。

4.有机复合涂层的阻隔氯离子能力很强，但其自身的性能如何还不清楚，必须进行有机复合涂层的耐久性研究，才能综合评价它们的防护性能。

5.通过耐久性的试验，可以得出，有机涂层可以很好地适应模拟的海洋腐蚀环境。经过盐雾老化实验和耐碱性实验，涂层并没有出现粉化、起泡等问题，其拉伸强度下降也是在可以接受的范围内。因此认为，硅烷浸渍-有机复合涂层能对混凝土基体起到很好的防护效果，并且自身的耐久性也比较好。

6.应当设计现场试验，以验证其在真实海洋环境下的防护性能，为其向市场上推广，并进行大规模应用提供依据。

第10章

结论与展望

10.1 主要结论

本书在试验得出配制高性能化海砂混凝土所选原材料基本属性的前提下，主要探讨各种关键因素对海砂混凝土材料的工作、力学以及耐久性能的影响，并研究环境、配方、力学状态等因素对高性能化海砂混凝土简支梁力学性能及耐久性的影响等。通过研究，得出了以下结论：

1.海砂经过"一次滚筛，两次冲洗"的淡化处理过程后其氯离子含量由0.1%下降到0.02%左右，降低了近5倍；其贝壳含量由10%下降到5%，降低了2倍；且含泥量和泥块含量均显著低于普通河砂，颗粒级配得到了进一步的优化。因此，经过淡化处理后的海砂的各项性能指标均满足建筑用砂的标准，部分指标优于普通河砂。

2.水胶比是影响混凝土立方体抗压强度的主要因素；同时由于普通混凝土的高性能化需要掺入矿物掺合料，所以养护时间对混凝土后期强度的影响也非常显著。因此，在混凝土高性能化的过程中需非常重视的混凝土的养护工作。

3.砂的种类对混凝土抗压强度有一定影响，使用海砂以及淡化海砂的混凝土强度高于普通河砂，但提高的幅度有限。

4.采用NEL法测得氯离子扩散系数来评价混凝土的渗透性，进而评价其耐久性。通过正交试验分析，得出各因素变化对混凝土渗透性的影响，即：复合超细粉的掺量越高、水胶比越小、养护的时间越多，海砂混凝土的抗氯离子渗透的能力就越强。

5.水胶比在0.45~0.60范围内变化时，复合超细粉掺入量对降低海砂混凝土氯离子扩散系数的显著性要高于水胶比的影响。

6.通过数学回归建立了较为合理的高性能化海砂混凝土氯离子扩散系数的经验公式：

$$D_{cl} = 0.8671 + 5.6420\frac{W}{C} - 2.2870\frac{C_0}{C} - 0.0058T$$

在知道海砂混凝土的水胶比、复合超细粉掺量以及养护时间的情况下，可以估计其氯离子扩散系数，也可以用来评价高性能化海砂混凝土的渗透性。

7. 综合考虑混凝土的工作、力学及耐久性能，给出沿海地区高性能化海砂混凝土的建议配比：水胶比 0.45～0.50；复合超细粉产量 40%～45%；砂率 35% 左右；单方用水量 205kg 左右。

8. 相同配方的混凝土在氯盐干湿循环作用下，强度比普通自然环境有所降低，说明氯盐干湿循环作用对混凝土力学性能的退化产生了一定的影响。分析认为是由于在干湿交替过程中，产生了盐的浓缩、结晶，晶体体积发生变化，并且胶凝材料水化物组成发生物理化学变化，混凝土的微观结构受到破坏，从而导致了强度的下降，下降的幅度约为 5%～20%。

9. 从构件表观的锈蚀发展情况看，配方相同的情况下按引起锈蚀的时间先后以及严重程度排列依次为：氯盐侵蚀与弯曲荷载协同作用环境，氯盐干湿交替作用环境，而室内自然环境未发现有锈蚀的状况。同种环境的情况下，经高性能化的混凝土构件优于未经高性能化的混凝土构件，砂的种类的影响并不显著。

10. 氯盐侵蚀与弯曲荷载协同作用下，各种配方梁的挠度在加载前期与后期均有较大的增长，且数值明显高于理论上由于混凝土收缩和徐变而引起的变形量。经高性能化处理的梁，其挠度变化的程度有所放缓。

11. 从构件承载力试验的荷载-挠度曲线上看，配方相同的情况下，屈服前曲线斜率从大到小排序依次为：氯盐侵蚀与弯曲荷载协同作用环境、氯盐干湿交替作用环境、室内自然环境；屈服后曲线下降的程度和速度从大到小排序同样依次为：氯盐侵蚀与弯曲荷载协同作用环境、氯盐干湿交替作用环境、室内自然环境。由此可见，从环境因素对构件力学性能退化影响程度的显著性上讲，氯盐侵蚀与弯曲荷载协同作用环境最为显著。

12. 环境条件相同的情况下，经高性能化处理的钢筋混凝土梁，其荷载-挠度曲线的发展趋势与基准梁最为接近，说明了经过高性能化处理后，混凝土构件对环境的敏感程度大大降低了。

13. 从裂缝发展和分布的状况看，氯盐侵蚀和弯曲荷载协同作用下构件裂缝的数量减少，且大都集中在纯弯段。

14. 从构件抗氯离子渗透性的能力上看，同种配方的混凝土，从高到低排序依次为：氯盐侵蚀和弯曲荷载协同作用环境、氯离子干湿交替环境、普通自然环境。相同环境下，则经高性能化处理的混凝土渗透型显著降低。而且经高性能化处理的混凝土构件对环境影响的敏感程度大为降低。

15. 有机复合涂层可以使混凝土氯离子渗透系数达到 $3.5 \times 10^{-12} \text{m}^2/\text{s}$ 以下，比未防护的混凝土下降了 45%。其中，氟碳面漆、湿固化环氧树脂中间漆和湿固化环氧树脂封闭底漆的组合体系效果最好，可以使混凝土氯离子渗透系数达到 $2.9 \times 10^{-12} \text{m}^2/\text{s}$ 以下。在相同的条件下，涂有氟碳面漆的混凝土其氯离子渗透性可以比涂聚氨酯面漆的降低 15%～17%，氟碳面漆的性能更为优异。同样，底漆和中间漆的对比中，湿固化涂料比环氧树脂涂料的氯离子渗透性低 6%～9%，防护性能更好。

16. 硅烷浸渍处理可以使混凝土的氯离子渗透系数降低至 $1.2 \times 10^{-12} m^2/s$ 以下，比未防护混凝土降低了 80%。对硅烷浸渍深度的研究，发现随着浸渍深度的提高，混凝土的氯离子渗透系数也随之降低，但降低的幅度逐渐减小，当浸渍深度达到 8～10mm 时，混凝土的氯离子渗透性降低幅度已经很小了，可以认为 8～10mm 是海工混凝土硅烷浸渍的最佳深度。

17. 在硅烷浸渍后的混凝土上涂装有机涂层可以进一步降低混凝土的氯离子渗透性。采用氟碳面漆、湿固化环氧树脂中间漆和湿固化环氧树脂封闭底漆的组合涂层与硅烷浸渍共同作用，可以使混凝土的氯离子渗透系数降至 $0.5 \times 10^{-12} m^2/s$ 以下，相比于无保护的混凝土，降幅超过 90%，防护效果非常明显。

18. 涂层与混凝土基体的结合力均在 2.4～3.2MPa 之间，超过了大多数混凝土工程对结合力的要求。其中，氟碳面漆、湿固化环氧树脂中间漆和湿固化环氧树脂封闭底漆的组合涂层与混凝土基体的结合力最强，当混凝土经过硅烷浸渍后，涂层的结合力还会小幅度加强。

19. 对于由氟碳面漆、湿固化环氧树脂中间漆和湿固化环氧树脂封闭底漆组合的有机复合涂层，其耐老化能和耐盐性随使用时间的增加而减小。在盐雾老化实验中，涂层前 15 天的拉伸强度降低了 62.1%，而前 40 天降低了 74.5%；在耐盐性实验中，涂层前 10 天的拉伸强度降低了 31.4%，而前 60 天降低了 58.4%。这说明复合涂层的耐久性随着使用时间的增加而降低，且初期降低的幅度较大，后期趋于平稳。

20. 综合以上结论，可以得出：混凝土经过硅烷浸渍处理后，再涂装由氟碳面漆、湿固化环氧树脂中间漆和湿固化环氧树脂封闭底漆组成的复合涂层，能获得非常好的抗氯离子渗透性能，这使得混凝土在恶劣的海洋潮差区环境下得到有效的保护，大大延长海工混凝土工程的寿命。

10.2　研究展望

混凝土结构的耐久性是一个十分复杂的结构工程基础问题，本书就沿海地区的海砂混凝土材料的基本性能展开初步的研究，并结合多因素影响下混凝土构件的耐久性做了一定的工作。但是，研究还不够深入，许多问题仍需要进一步深入探讨，为此，对沿海地区海砂钢筋混凝土耐久性研究提出一些个人看法：

1. 随着海砂在沿海地区的广泛应用，目前对海砂混凝土材料本身进行的研究较多，但对由海砂混凝土浇筑的构件的耐久性研究相对较少，这方面还有大量的研究工作要做。

2. 实际工程中，服役状态下钢筋混凝土构件的腐蚀过程是在多因素共同作用下发生的，其中荷载因素的作用不容忽视。因此，对受腐蚀钢筋混凝土构件进行考虑荷载作用与腐蚀作用耦合的研究能更加接近实际工程。在荷载因素影响的研究方面，建立不同荷载等级与钢筋混凝土构件耐久性退化的量化关系，是今后继续研究的方向之一。

3. 环境无疑是影响钢筋混凝土结构耐久性的重要因素。而目前对环境的具体研究较少，主要集中在温湿度对混凝土内钢筋锈蚀速度的影响，这还远远不够。在今后的研究中，应对钢筋混凝土建筑物所处的环境进行针对性的模拟，并建立实验室模拟环境与结构寿命、自然环境的相关性。

4. 应重视数值试验方法和数学分析手段在海砂混凝土试验研究中的应用，比如：利用有限单元法进行海砂混凝土构件的数值模拟试验，利用神经网络方法进行海砂混凝土材料性能的预测，利用模糊数学的理论进行海砂混凝土结构的寿命预测等。

5. 建议加强海砂混凝土结构剩余使用寿命预测和耐久性可靠度评定方面的研究。在条件容许的情况下，加强对海砂混凝土实际工程的健康跟踪和监测工作，为海砂混凝土结构提供更真实的第一手资料。

■ 主要参考文献 ■

[1] 金伟良，赵羽习.混凝土结构耐久性（第二版）[M].北京：科学出版社，2014.

[2] 朱方之.近海地区高性能混凝土桥耐久性初步研究 [D].徐州：中国矿业大学硕士论文，2004.

[3] 李田，刘西拉.混凝土结构耐久性分析与设计 [M].北京：科学出版社，1998.

[4] 洪定海.混凝土中钢筋的锈蚀与保护 [M].北京：中国铁道出版社，1998.

[5] 罗福午.建筑结构缺陷事故的分析与防止 [M].北京：清华大学出版社，1996.

[6] 张富春.混凝土构筑物的维护、修补与拆除 [M].北京：中国建筑工业出版社，1990.

[7] 牛荻涛.钢筋混凝土耐久性与寿命预测 [M].北京：科学出版社，2003.

[8] 山田义智.关于混凝土结构的盐害 [J].沿海混凝土结构耐久性学术会议论文集，2006.

[9] 干伟忠.海砂对钢筋混凝土结构耐久性影响的试验研究 [M].工业建筑，2002，32（2）：8-9.

[10] 王晶，倪博文，等、利用未淡化海砂配制超高性能混凝土的研究 [J].混凝土与水泥制品，2019，5（5）：1-4.

[11] D. M. Roy. Fly Ash and Silica Fume Chemistry and Hydration [J]，Proceedings of 3rd International Conference on Fly Ash，Silica Fume，Slag and Natural Pozzolans in Concrete，1989：117-138.

[12] 陈肇元，等.混凝土结构耐久性设计与施工指南 [M].北京：中国建筑工业出版社，2004.

[13] 潘德强.我国海港工程混凝土结构耐久性现状及对策 [J].北京：土建结构工程的安全性与耐久性，2001.

[14] 刑锋、混凝土结构耐久性设计与应用 [M].北京：中国建筑工业出版社，2011.

[15] 洪乃丰.混凝土中钢筋腐蚀与防护技术（3）[J].工业建筑，1999，(10)：8-10.

[16] 张誉，等.混凝土结构耐久性概论 [M].上海：上海科学技术出版社，2003.

[17] 吴瑾.海洋环境下钢筋混凝土结构锈蚀损伤评估研究 [D].南京：河海大学博士论文，2003.

[18] 王东方.钢筋混凝土构件氯离子侵蚀下钢筋初始锈蚀时间的计算方法 [D].北京工业大学硕士论文，2003.

[19] 袁迎曙，姬永生，李果.基于钢筋锈蚀的混凝土结构性能退化的耐久性试验方法 [J].中国工程科技论坛论文集，2005，12：34-36.

[20] 吴瑾，吴胜兴.海洋环境下混凝土中钢筋表面氯离子浓度的随机模型 [J].河海大学学报，2004，32（1）：38-40.

[21] 李伟文，等.荷载作用下混凝土氯离子渗透性研究 [J].中国建材科技，2004，5：19-24.

[22] WEE. H. T，WONG. S. F. A prediction method for long term chloride concentration profiles in hardened cement matrix materials [J]. ACI Materials Journal，1997，94（6）：907-912.

[23] 刘志勇，孙伟，等.基于氯离子渗透的海工混凝土寿命预测模型进展 [J].工业建筑，

2004，34（6）：61-64.

[24] Tumidajski. P. J，Boltzmann-Matano. Analysis of Chloride Diffusion into Blended Cement Concrete [J]. Journal of Materials in Civil Engineering，1996，(11)：195.

[25] Stephen L Amey. Predicting the Service Life of Concrete Marine Structure：An Environmental Methodology [J]. ACI Materials Journal，1998，(2)：95.

[26] Mangat P S，Molloy B T. Prediction of Long Term Chloride Concentration in Concrete [J]. Materials and Structure，1994，27.

[27] The European Union-Brite Euram. Modelling of Degradation，1998.

[28] Tang L，Nilson L O. Chloride Binding Capacity and Binding Isotherms of OPC Paste and Mortars [J]. Cement and Concrete Res，1993：23.

[29] 余红发，孙伟，等. 混凝土使用寿命预测方法的研究-理论模型 [J]. 硅酸盐学报，2002，30（6）：688-690.

[30] 罗刚. 氯离子侵蚀环境下钢筋混凝土构件的耐久寿命预测 [D]. 华侨大学硕士论文，2003（4）.

[31] 孙伟，等. 混凝土结构工程的耐久性与寿命研究进展 [J]. 北京：土建结构工程的安全性与耐久性，2001.

[32] Thoms M. D. A. and Bamforth P. B.. Modelling chloride diffusion in concrete：effect of fly ash and slag [J]. Cement and Concrete Reseach，1999，Vol. 29.

[33] 王晓东，等. 混凝土氯离子渗透性试验方法综述 [J]. 工程设计与建设，2005，37（5）：25-27.

[34] 蒋林华，李娟. 混凝土抗氯离子渗透性试验方法比较研究 [J]. 河海大学学报，2004，32（1）：55-57.

[35] 路新瀛，李翠玲，等. 混凝土渗透性的电化学评价 [J]. 混凝土与水泥制品，1999，109（5）：12-14.

[36] 李岩，等. 混凝土中钢筋腐蚀的氯离子临界浓度试验研究 [J]. 水利水运工程学报，2004（3）：25-29.

[37] 卫军，桂志华. 混凝土中钢筋锈蚀速率的预测模型 [J]. 武汉理工大学学报，2005，27（6）：45-47.

[38] 刘西拉，等. 混凝土结构中钢筋锈蚀量及其耐久性计算 [J]. 土木工程学报，1990，4.

[39] 牛荻涛，王庆霖，等. 锈蚀开裂前混凝土中钢筋锈蚀量的预测模型 [J]. 工业建筑，1996，4.

[40] 吴瑾，吴胜兴. 大气条件下混凝土中钢筋锈蚀量评估的 BP 网络模型 [J]. 工程力学（增刊），2001.

[41] 屈文俊，张誉. 侵蚀环境下混凝土结构耐久性寿命预测方法探讨 [J]. 工业建筑，1999，4.

[42] Chee Burm Shina，Eun Kyum Kim. Modeling of chloride ion ingress in coastal concrete [J]. Cement and Concrete Research，2002 ，Vol. 32：757-762.

[43] Liu T，Weyers R. Modelling the dynamic corrosion process in chloride contaminated concrete structures [J]. Cement and Concrete Research，1998 ，Vol. 28（3）：365-379.

[44] Zdenk. Bazant P. Physical Model for Steel Corrosion in Concrete Sea Structures [J]. Application Journal of the Structural Division，1979.

[45] 赵羽习，金伟良. 钢筋锈蚀导致混凝土构件保护层胀裂的全过程分析 [J]. 水利学报. 2005，36（8）：939-945.

[46] 屈文俊，张誉，等. 混凝土胀裂时钢筋锈蚀量的确定 [J]. 工程力学（增刊），1997.

[47] Morinaga S. Prediction of Service Lives of Reinforced Concrete Buildings Based on the Corrosion Rate of Reinforceing Streel [J]. Durability of Building Materials and Components In Proceedings of the Fifth International Conference，1990.

[48] 常保全，等. 混凝土中钢筋锈蚀的检测技术 [J]. 建筑技术开发，2001（3）.

[49] 李宗琦. 混凝土中钢筋锈蚀的研究进展 [J]. 建筑技术开发，2002，29（7）：7-9.

[50] 建设部. 关于严格建筑用海砂管理的意见 [J]. 施工技术，2004，33（10）：1-2.

[51] 胡红梅. 矿物功能材料对混凝土氯离子渗透性影响的研究 [D]. 武汉理工大学硕士论文，2002.

[52] 林伦，王世伟. 掺合料对混凝土耐久性的影响 [J]. 天津城市建设学院学报，2004，9（10）.

[53] 肖建庄，卢福海，等. 淡化海砂高性能混凝土氯离子渗透性研究 [J]. 工业建筑，2004，（5）：4-6.

[54] 史美鹏，卢福海. 淡化海砂高性能混凝土中的应用研究 [J]. 混凝土，2004，（4）：63-65.

[55] 张亦涛，方永浩，等. 荷载与其他因素共同作用下混凝土耐久性研究进展 [J]. 材料导报，2003，17（9）：48-50.

[56] 刑锋，冷发光，等. 长期持续荷载对素混凝土氯离子渗透性的影响 [J]. 混凝土，2004，（5）：3-8.

[57] 何世钦，贡金鑫. 弯曲荷载作用下对混凝土中氯离子扩散的影响 [J]. 建筑材料学报，2005，8（2）：134-138.

[58] 冷发光，冯乃谦，刑锋. 混凝土应力腐蚀研究现状及问题 [J]. 混凝土，2000，（8）：6-9.

[59] 袁承斌，吕志涛，等. 不同应力状态下混凝土抗氯离子侵蚀的研究 [J]. 河海大学学报，2003，31（1）：50-54.

[60] 张德峰，吕志涛. 裂缝对预应力混凝土结构耐久性的影响 [J]. 工业建筑，2000，30（11）：12-14.

[61] Beeby A W. Corrosion of Reinforcing Steel in Concrete and Its Relation to Cracking [J]. The Structural Engineer，1978：77-81.

[62] J. Rodriguez，L Mortega，J. Casal. Load Carrying Capacity of Concrete Structures with Corroded Reinfocement [J]. Construction and Building Materials，1997.

[63] 袁迎曙，余索. 锈蚀钢筋混凝土梁的性能退化 [J]. 建筑结构学报，1997.

[64] 金伟良，赵羽习. 锈蚀钢筋混凝土梁抗弯强度的试验研究 [J]. 工业建筑，2001.

[65] 陶峰，王ерш科，等. 服役钢筋混凝土构件承载力的试验研究 [J]. 工业建筑，1996.

[66] 黄鹏飞，姚燕，等. 盐冻、钢锈与弯曲应力协同作用下钢筋混凝土耐久性评估方法 [J].

深圳：全国第六届混凝土结构耐久性学术交流会，2004.

[67]　郝晓丽.氯腐蚀环境混凝土结构耐久性与寿命预测 [D].西安建筑科技大学硕士论文，2004.

[68]　方开泰，马长兴.正交与均匀试验设计 [M].北京：科学出版社，2001.

[69]　李云雁，胡传荣.试验设计与数据处理 [M].北京：化学工业出版社，2005.

[70]　吴中伟，廉慧珍.高性能混凝土 [M].北京：中国铁道出版社，1999.

[71]　朱晓文.近海地区双掺高性能混凝土及简支梁耐久性研究 [D].中国矿业大学硕士论文，2006.

[72]　盛骤，谢式千，潘承毅.概率论与数理统计 [M].北京：高等教育出版社，1999.

[73]　曹德欣，曹璎珞.计算方法 [M].徐州：中国矿业大学出版社，2002.

[74]　莫斯克文.混凝土和钢筋混凝土的腐蚀及其防护方法 [M].北京：化学工业出版社，1988.

[75]　李积平，潘德强，田俊峰，赵尚传.海工高性能混凝土抗氯离子侵蚀耐久寿命预测 [J].土建结构工程的安全性与耐久性，2001.

[76]　何世钦.氯离子环境下钢筋混凝土构件耐久性能试验研究 [D].大连理工大学博士论文，2004.

[77]　黄士元，等.近代混凝土技术 [M].西安：陕西科学技术出版社，1998.

[78]　 A M Neville.混凝土的性能 [M].北京：中国建筑工业出版社，1983.

[79]　王海侠，方永浩.矿物超细粉的应用研究现状与前景 [J].南通大学学报，2005，3：43-44.

[80]　赵铁军.混凝土渗透性 [M].北京：科学出版社，2006.

[81]　刘斯凤.荷载-复合离子-干湿交替下生态混凝土的损伤过程与寿命 [D].东南大学博士学位论文，2004.

[82]　王雨齐.基于渗透性分析的混凝土耐久性可靠度评估 [D].武汉理工大学硕士论文，2006.

[83]　姜海波，车惠民.既有铁路混凝土梁的承载力可靠性评估 [J].桥梁建设，1998，3：7-9.

[84]　韩光东，王传喜.钢筋混凝土结构随机时变抗力及其可靠度分析 [J].广西工学院学报，2000，11：16-20.

[85]　李清富，刘晨光.混凝土碳化耐久性模糊分析 [J].郑州工业大学学报，1996，17（3）：7-12.

[86]　Ah Beng Tee.The Application of Fuzzy Mathematics to Bridge Condition Assessment [D]. A Thesis Submitted to the Faculty of Purdur University，1998.

[87]　张永清，冯忠居.用层次分析法评价桥梁的安全性 [J].西安公路交通大学学报，2001，21（3）：52-56.

[88]　胡曙光，覃立香.混凝土抗盐侵蚀专家系统结构及设计思想 [J].混凝土与水泥制品，1997，4：11-13.

[89]　胡雄，吉祥.拉索桥梁安全性与耐久性评估的专家系统设计 [J].应用力学学报，1998，15：12-16.

[90]　杨阳.专家系统在评估钢筋混凝土结构破损中的运用 [J].四川水利发电，2001，20 (4)：24-26.

[91]　侯晓梅，黄赛超.应用神经网络评估叠合结构的耐久性 [J].中南工业大学学报，2002，33：16-19.

[92]　王恒栋.钢筋混凝土结构的耐久性评估基础研究 [D].大连理工大学博士论文，1996.

[93]　张玉敏，王铁成.基于 BP 网络响应面的海水侵蚀混凝土强度可靠性分析和耐久性评价 [J].工业建筑，2002，32 (2)：12-15.

[94]　朱劲松，宋玉普.灰色理论在混凝土疲劳强度预测中的应用 [J].混凝土，2002，6：10-12.

[95]　Li Quingfu, Durability damage grey analyzing the concrete carbonation [J]. The Journal of Grey System，2001，13.

[96]　邸小芸，周燕.混凝土结构的耐久性设计方法 [J].建筑科学，1999，(1)：87-92.

[97]　袁润章.胶凝材料 [M]，武汉：武汉大学出版社，2017.

[98]　杨建森.氯盐对混凝土中钢筋的腐蚀机理与防腐技术 [J].混凝土，2001，7.

[99]　舍海龙.阻锈剂对碳化引起的钢筋腐蚀的阻锈效果研究 [D].硕士论文，2010.

[100]　陈健雄，吴建成，陈寒斌.严重酸雨环境下建筑物的耐久性调查 [J].混凝土，2001，11.

[101]　B. M. 莫斯克文，φ. M. 伊万诺夫，C. H. 阿列克谢耶夫 E 著.混凝土和钢筋混凝土的腐蚀及其防护方法 [M]，苏联，1988.

[102]　贾梦秋，毛永吉，高双之.交流阻抗法评价玻璃鳞片乙烯基树脂涂料的耐蚀性 [J].腐蚀科学与防护技术，2007，27 (2)：106-109.

[103]　杨立红，刘福春，韩恩厚.纳米氧化锌改性聚氨酯复合涂层的防腐性能 [J].材料研究学报，2006，20 (4)：354-360.

[104]　王国建.呋喃树脂—丙烯酸酯聚氨酯互穿网络防腐涂料的研究 [J]　.涂料工业，1998，28 (3)：8.

[105]　王金伟，陈磊.有机硅改性聚氨酯的合成及其防腐性能研究 [J].中国涂料，2006，21 (11)：29-31.

[106]　陈少鹏.有机硅改性环氧树脂的合成和性能研究 [D].厦门：厦门大学，2007.

[107]　党俐，陆文雄.新型混凝土防护涂层的合成及其性能研究 [J].混凝土，2006 (10)：91-93.

[108]　范波波.建筑混凝土用防腐蚀氟碳树脂涂料的制备及涂层性能研究 [D].河北：河北工业大学，2008，47.

[109]　李运德.常温固化 FEVE 氟碳涂料结构与性能研究及高性能 FEVE 氟碳涂料的制备 [D].北京：北京化工大学，2009.

[110]　杨立红，刘福春，韩恩厚.纳米氧化锌改性聚氨酯复合涂层的防腐性能 [J].材料研究学报，2006，20 (4)：354-360.

[111]　Y W CHEN-YANG, et al. Thermal and Anticorrosive Properties of Polyurethane/Clay Nanocomposites [J]. Journal of Polymer Research，2004，11 (4)：221-224.

[112]　金志来，杨建军，张建安.聚氨酯防腐涂料研究进展 [J].涂料技术与文摘.2008 (12)：

8-11.

[113] 丁永刚，孙蕾，等.不同类型纳米粒子改性涂层对混凝土疏水和抗冻性能的影响 [J].新型建筑材料，2019，8：154～158.

[114] 沈人杰，郑茂盛，王强.聚氨酯环氧树脂互穿网络复合材料的防腐性能研究 [J].应用化工，2007，36（9）：851-854.

[115] S M KRISHNAN. Studies on Corrosion Resistant Properties of Sacrificial Primed IPN Coating Systems in Comparison with Epoxy—PU Systems [J]. Progress in Organic Coatings. 2006，57（4）：383-391.

[116] Primeaux D J. Polyurea Spray Technology in Commercial Application [M]. 1997.

[117] 黄微波.喷涂聚脲弹性体技术 [M].北京：化学工业出版社，2005：86-116.

[118] 杨华东.喷涂聚脲弹性体对混凝土耐久性的影响 [D].青岛：青岛理工大学，2003.

[119] 杨娟，王贵友，胡春圃.不同硬段含量脂肪族聚脲的结构与性能研究 [J].高分子学报，2003（6）：794-797.

[120] 葛海艳.混凝土保护涂层的性能及试验方法研究 [D].青岛：青岛理工大学，2007.

[121] 吕平，陈国华，黄微波.新型聚天冬氨酸酯的合成、结构与性能研究 [J].高校化学工程学报，2008，22（1）：106-112.

[122] 蒋正武，孙振平，王培铭.硅烷对海工高性能混凝土防腐蚀性能的影响 [J].中国港湾建设，2005，(1)：26-30.

[123] 熊建波，王胜年，吴平.硅烷浸渍剂对混凝土保护作用的研究 [J].混凝土，2004，(9)：63-65.

[124] 苏海防，王锐劲，黄君哲，等.膏体硅烷在高性能混凝土中的保护效果.中国港湾建设 [J].2007，6.

[125] 程旭阳，薛常洪，吴三余.硅烷渗透剂国内外研究与应用 [J].防腐工程，2008，3.

[126] 朱岩，陈雨，廿万强.有机硅烷浸渍高性能海工混凝土防腐蚀性能的研究 [J].混凝土.2007，(10)，77-80.

[127] 吴平.硅烷浸渍剂在混凝土保护中的应用研究.第四届混凝土结构耐久性科技论坛论文集.混凝土结构耐久性设计与评估方法，2006，7：119-125.

[128] 黄桂柏，党涛.硅烷封闭涂料用于建构筑物的维护 [J].新型建筑材料，1998，(5)：23-25.

[129] 美国国家科学研究院编著.水泥混凝土公路技术实践与展望 [M].王嫱，查旭东，韩春花，译.北京：人民交通出版社，2000.